蔬菜病虫害农业防治问答

李新凤　编著

金盾出版社

内 容 提 要

本书以问答形式，对蔬菜生产过程中常见的病、虫进行讲述。主要包括：蔬菜病虫害基本知识，蔬菜苗期病虫害，瓜类蔬菜病虫害，茄果类蔬菜病虫害，豆类蔬菜病虫害，白菜类蔬菜病虫害，甘蓝类蔬菜病虫害，绿叶菜类蔬菜病虫害，根菜类蔬菜病虫害以及葱蒜类蔬菜病虫害。该书内容全面、语言通俗，适合广大菜农参考使用。

图书在版编目(CIP)数据

蔬菜病虫害农业防治问答/李新凤编著. -- 北京 : 金盾出版社，2011.7

ISBN 978-7-5082-6908-5

Ⅰ.①蔬… Ⅱ.①李… Ⅲ.①蔬菜—病虫害防治—问题解答 Ⅳ.①S436.3-44

中国版本图书馆 CIP 数据核字(2011)第 044724 号

金盾出版社出版、总发行

北京太平路 5 号(地铁万寿路站往南)

邮政编码:100036 电话:68214039 83219215

传真:68276683 网址:www.jdcbs.cn

封面印刷:北京金盾印刷厂

正文印刷:北京军迪印刷有限责任公司

装订:北京军迪印刷有限责任公司

各地新华书店经销

开本:850×1168 1/32 印张:6.25 字数:156 千字

2011 年 7 月第 1 版第 1 次印刷

印数:1～10 000 册 定价:12.00 元

目　录

一、蔬菜病虫害基本知识

1. 什么是蔬菜病害？蔬菜是否染病用什么标准来衡量？

蔬菜在其生长发育过程中，当遇到不良的环境条件或受到一些有害生物的侵害时，其干扰强度超过了蔬菜能忍耐的程度，使蔬菜的正常生理代谢受到严重影响，或者由于蔬菜自身的遗传因子发生异常，蔬菜在生理上和组织结构上产生一系列病理变化，在外部或内部形态上表现出病态，使蔬菜不能正常生长发育，甚至导致局部或整株死亡，最终导致经济损失的过程称之为“蔬菜病害”。

衡量蔬菜是否生了病就要以蔬菜病害的定义为标准。应该注意以下 4 点。

第一，蔬菜病害的发生都是由一定的原因或“病因”（或病原）引起的。

第二，蔬菜病害都有一个持续的病理变化过程，即“病变”，也就是蔬菜与致病因素进行斗争的过程。环境因素的有害作用，并不都是构成病害的原因，只有那些能引起植物生理程序正常功能失常，引起一系列病理变化过程的，且过程是动态连续时，才能称其为病害，可以说病害是动态的病理变化过程及其后果。这种持续的病理变化有别于风、雹、昆虫及高等动物等对植物造成的机械损伤，这些机械伤害是植物在短时间内受到外界因素的作用而突然形成的，没有病理变化过程，这些都不能当做植物病害。所以，凡植物组织死亡如无逐渐、不断地变化过程，就不能称为植物病害。但是一些机械伤害会削弱植物的生长势，而且伤口往往成为病原物侵入的门户，会诱发病害的严重发生。所以许多病害常在暴风雨后容易流行，就是由于它造成大量伤口，有利于病原物侵入的缘故。

第三，蔬菜病害一般都表现一定的症状。蔬菜生病后所表现的病态或其外表的不正常表现称为"症状"。也就是"形态病变"。植物病害的症状比较复杂，类型比较多，变化也比较大，在诊断上有重要的意义。

第四，要用经济的观点来认识植物病害。所谓病害都要造成一定经济损失，也就是说其病理变化过程的结果只有当造成人所需产品的产量下降和品质降低时，才称其为病害。如果这种病变过程其结果对人没有损失，甚至对人有益，也不包括在植物病害的研究范畴内。如茭白黑粉病、韭黄、蒜黄、郁金香花叶病(病毒所致)等，不但没有造成经济损失，反而提高了其经济价值。所以，通常不把它们看成是病害。

2. 什么是病原、病原物和寄主?

(1)病原　所谓的病原，就是指"引起植物偏离正常生长发育状态而表现病变的因素"，或者说"引起植物生病的原因"。虽然植物发生病害的原因是多方面的，但大体可分为 3 种：

①非生物因素　不良的环境条件(物理的或化学的)，即非生物因素。如营养元素的缺乏或过量、温度失调、水分失调、盐碱和有毒物质或有害气体、光照过强或过弱等，如果超过了蔬菜本身的耐受限度就会引发病害。

②病原生物　即生物因素(外来的)。我们把引起植物发生病害的生物，统称为病原生物(pathogen)。如多种真菌、病毒(类病毒)、细菌、植原体、线虫、寄生性种子植物，它们大多数是寄生物，

也是病原物，涉及整个生物界。

③遗传因子异常　即生物因素（植物自身的因素）。如植物种质由于先天发育不全，或带有某种异常的遗传因子，播种后显示出遗传性病变，病因是植物自身的遗传因子异常。

（2）病原物　是引起植物病害的生物统称。

（3）寄主　是被寄生物所寄生的生物。在蔬菜病害中是指被病原物寄生的蔬菜。

3. 什么是传染性病害？什么是非传染性病害？二者有什么区别和联系？

蔬菜病害按病原的性质可分为传染性病害和非传染性病害。

（1）传染性病害　由生物因素引起的病害能够在植株间传染，因此，将这类病害称作传染性病害，或侵染性病害，或寄生性病害。如各类蔬菜的霜霉病、白粉病等。一般在发病初期可在田间看到少数中心病株（发病中心），然后逐渐蔓延扩大。

（2）非侵染性病害　由非生物因素引起的病害不能相互传染，因此将这类病害称作非侵染性病害，或非浸染性病害，或生理性病害。这类病害的特点是在田间分布比较均匀，没有明显的发病中心。

蔬菜的侵染性病害与非侵染性病害虽然病因不同，但二者密切相关，相互影响。非侵染性病害不仅直接影响蔬菜的生长发育、产品的产量和品质，而且还会降低和削弱植株对病原物的抵抗力，结果容易诱发或加重侵染性病害的发生；反之，侵染性病害又为非侵染性病害的发生创造了条件。

4. 传染性蔬菜病害发生需要哪些条件？

传染性病害(又叫侵染性病害)的发生，需要3个条件：一是要有病原物存在；二是要有不良环境条件的影响；三是寄主抗病性能力。这三者相互影响，缺一不可。总的来说，当环境条件不利于感病寄主，而有利于病原物的情况下，就会发生侵染性病害。但是，在自然生态系统中，人为因素起着主导作用，通过科学管理，改变蔬菜生态环境，创造一个有利于蔬菜生长，而不利于病害发展的环境条件，加上选用抗病品种，即使有病原菌存在，病害也不会发生或者发生明显减轻。相反，不科学管理，选种的又是感病品种，病害就会发生发展，甚至流行。

5. 非侵染性病害发生的主要原因是什么？

由于不同蔬菜品种对环境条件的反应不同，在相同的环境条件下，只有那些对不利环境因素较敏感的蔬菜品种才会生病。因此，非侵染性病害发生的原因是两方面的，即不利的环境因素(外因)和植物对这些因素的反应(内因)。若抵抗能力强，非侵染性病害(即生理病害)不发生，抵抗力中等发生减轻，否则非侵染性病害就要发生，而且严重。

6. 传染性蔬菜病害的病原可分哪几种？

传染性蔬菜病害的病原种类多样，几乎涉及整个生物界。归纳起来主要有以下几类生物。

(1)真菌　引起的植物病害种类最多，危害严重。各类蔬菜都有真菌病害。如十字花科蔬菜的霜霉病、黑斑病、炭疽病等；瓜类蔬菜的霜霉病、枯萎病、白粉病、疫病、炭疽病等；茄果类蔬菜的晚疫病、早疫病、枯萎病、炭疽病等。豆科蔬菜的白粉病、菌核病、疫病、锈病、枯萎病、炭疽病等；葱蒜类蔬菜的霜霉病、紫斑病等。

(2)病毒　病毒引起的病害在数量上占植物病害的第二位。每一类蔬菜都有病毒病，尤其第一年冬季气温偏高时，翌年的病毒病就尤为严重。如瓜类蔬菜花叶病、茄科蔬菜花叶病、豆类蔬菜花叶病。

(3)细菌　细菌病害的数量和危害仅次于真菌和病毒，属第三大病原物。如白菜软腐病，茄子、番茄青枯病等。

(4)线虫　危害植物的称为植物病原线虫或植物寄生线虫，或简称植物线虫。植物受线虫危害后所表现的症状，与一般的病害症状相似，因此常称线虫病。如番茄根结线虫、甜菜胞囊线虫。

(5)寄生性种子植物　如菟丝子、列当等。

7. 蔬菜病害的症状是什么？包括哪些内容？

蔬菜生病以后，由于病原物的影响而产生一系列的病变。按病变发生的顺序，首先是蔬菜生理方面的变化。例如，呼吸作用和蒸腾作用的加强，同化作用的降低，酶活性和碳氮代谢的改变，以及水分和养分与逆转的失常等生理病变。然后是内部组织的变化，例如，叶绿体或其他色素体的减少或增加，细胞数目和体积的增减，微管束的堵塞，细胞壁的加厚，细胞与组织的坏死等称为组织病变。在生理与组织病变之后，才导致外部形态的变化。例如，蔬菜根、茎、叶、花、果实的坏死、腐烂畸形等，称为形态病变。生理病变是组织病变与形态病变的基础，组织与形态的病变又进一步扰乱了植物正常的生理程序，这样不断地互相影响，病变逐渐加深，蔬菜的不正常表现也愈来愈明显。因此，我们把蔬菜生病后其外表的不正常表现称为“症状”。

蔬菜病害的症状是内部发生病变的结果。症状包括两方面内容，一方面是蔬菜本身发生病变，表现出病态；另一方面是在生病部位可产生病原物的特殊结构，如霉层、锈状物、粉状物、黑色点状物等。其中我们把蔬菜本身不正常的表现称“病状”，而把病部病原物的结构表现称为“病征”。

对于所有的病害来讲，一般都有病状，但病征则不尽相同。一般真菌、细菌、寄生性的种子植物引起的病征表现得比较明显；而病毒、类菌原体和类病毒，它们寄生在蔬菜细胞内，在蔬菜体外无表现，故它所导致的病害无病征；植物病原线虫多数寄生于蔬菜体内，在一般情况下蔬菜体外也无病征，而非侵染性病害（生理性病害）是由于不适宜的非生物因素而引起的，所以也无病征。

8. 蔬菜病害的病状主要有哪些类型？

每种蔬菜病害都会表现一定的病状。病状的类型多种多样，归纳起来主要有以下几种类型。

(1)变色　由于各种色素的成分增加，受害植物的颜色发生不正常的改变，而细胞不坏死称为“变色”。变色主要表现在叶部，其次是果实，枝干和花也有变色。

变色只是一个统称，具体到不同种类的病害，其变色又有不同的情况。变色均匀的有褪绿、黄化、白化、红叶等；变色不均匀的有花叶和斑驳等，此外还有花脸、脉明等。

(2)坏死　受病部位的细胞死亡，但组织不解体称为“坏死”。常见病状有斑点、叶枯、溃疡、疮痂、立枯、猝倒等。

斑点是指蔬菜病害，尤其是叶部病害最常见的坏死症状。斑点的主要特征是坏死部位比较局限，轮廓比较清楚。斑点的类型多种多样。根据其形状，可以分为圆斑、角斑、条斑、环斑、轮纹斑、不规则斑等。病斑的坏死部分周围产生离层而脱落，则成为“穿孔”。根据病斑的颜色可分为褐斑、黑斑、灰斑、黄斑、红斑、紫斑和锈斑等，病斑的形状和颜色往往有许多变化，可随着病害的不同而变，也可随着同一病害的发展阶段，寄主植物发病部位不同而变。即使是同一病斑的周围，边缘和中心的颜色也有所不同。因此，除少数外，绝大多数的坏死症状难以完全归为一个类型，而且颜色是一个数量性状，会因人视觉的差异而不同。

叶斑上较大面积的坏死斑，轮廓不甚清楚，称为“叶枯”。如果枯死的部位在叶尖或叶缘，有时称为“叶烧”，从枝条的顶端开始枯死，逐渐向下发展而称为“枝枯”或“枯梢”。疮痂主要产生在叶片、枝条、果实的表面，它的主要特点是病斑局限，表面粗糙，有时会因为形成木栓化组织而稍为突起。溃疡的主要特点是由于皮层甚至木质部坏死造成的，病斑凹陷，开裂，周围组织略增生或木栓化。幼苗根、茎部或近土面的嫩茎发生坏死以后，可以表现两种病状，皮层和木质部都坏死，可导致幼苗的倒伏枯死，称为“猝倒”。皮层坏死，木质部仍有支持能力，幼苗不倒伏而枯死可称为“立枯”。

真菌与细菌病害常常导致坏死症状，病毒及其类病毒、类菌原体及非侵染性的病害很少出现坏死症状。

(3)腐烂　发病部位细胞死亡，组织解体者称为“腐烂”，幼嫩组织或多肉组织容易发生。根据发病的部位细胞解离和消解的程度与速度，可将腐烂分为干腐、湿腐和软腐；根据腐烂发生的部位，可分为根腐、茎腐、果腐、花腐。

(4)萎蔫　植物因病而出现的明显缺水状态称为“萎蔫”。由于受害的部位不同，病菌侵入的时期不同，萎蔫的表现可以是全株性的，也可以是局部的。由于造成萎蔫的机制不同，有些是可以恢复的，有些是不能恢复的。

病害破坏水分吸收与输导功能的原因比较复杂，常见的有以下 2 种：

①根系被破坏　如土壤积水，板结造成土壤缺氧，在缺氧的条

件下，根系及其他根际生物的无氧呼吸产生大量的毒素，使根部死亡。如疫霉病造成根茎皮层腐烂，使根部得不到有机营养物质造成根系死亡等。

②水分输导组织被破坏　如在病株体内，真菌的菌丝可大量生长而堵塞导管，由于病原物的侵染诱导寄主在体内产生大量的胶状物、类脂质、胼胝质、侵填体等堵塞导管。由于病原物的侵染使寄主的导管变细，影响水分的运输。由于病原物产生毒素，破坏导管的输水机制等。各类病害均可导致萎蔫症状，但在真菌与细菌的病害中比较常见。

(5)畸形　植株外部形态因病而表现的异常现象称为“畸形”。整个植株的畸形主要是矮缩、徒长、丛簇。局部器官的畸形有丛枝、发根、皱缩、卷叶、缩叶、瘤肿、变叶、纤叶、蕨叶、耳突、小叶、缩果、缩顶等。畸形的症状在病毒病害中表现得尤其突出，是其典型的症状之一。

9. 常见蔬菜病害的病征主要有哪些?

蔬菜病害常见的病征主要有以下几类：

(1)霉状物　霉状物是真菌病害的病征，是由菌丝体与各种繁殖器官形成的。霉状物根据形态结构可分为霜霉、绵霉、丛霉、烟霉等。根据颜色可分为白霉、青霉、绿霉、黑霉、黄霉、灰霉、红霉等。如常见的各种蔬菜霜霉病，大部分的叶斑类病害可产生霉状物，特别是在潮湿的条件下更易产生。

(2)粉状物　病部表面出现的各种粉状结构统称为粉状物，它是真菌病害的特征。如常见的各种蔬菜白粉病。

(3)锈状物　在受病部位，特别是叶片正面或背面出现的泡状突起物称为“锈状物”，它是锈病特有的病症，锈状物有黑色、黄褐色、橘红色、黑褐色、橘黄色等，锈状物是夏孢子堆或冬孢子堆，前者一般为锈褐色，或淡黄褐色，后者为黑褐色，如各种蔬菜的锈病。

(4)点状物　从病部表皮下面生长出来的小点状结构，突破或不突破表皮。如蔬菜炭疽病。

(5)颗粒状物或线状物　附在病部表面的球形或近球形的颗粒状物或线状物。如蔬菜各种菌核病及紫纹羽病和白纹羽病。

(6)脓状物(或黏液状物)　有的从病斑的内部溢出，称为溢脓，干燥时呈胶状颗粒，黄白色、黄色或红色，它是细菌病害特有的病症。如黄瓜细菌性角斑病。

(7)刺毛状物　从病组织内伸出，似刺毛状物，一般为黑色。如甘薯的黑斑病。

10. 蔬菜病害诊断的具体步骤是什么？诊断时应注意哪些问题？

蔬菜病害诊断的方法都是先田间后室内，即由田间现场的观察、症状鉴别，到室内的病原镜检，以及进一步做好病原物的分离、培养和接种等工作。对于一些常见的病害，症状特点很明显，所以根据症状就可以确诊得了什么病，但多数情况下，正确的诊断还需要做详细和系统的检查，而不仅仅是根据外表的症状来下结论。

(1)植物病害的田间诊断　到发病的田间进行现场观察，尽量能把侵染性病害和非传染性病害分开。非侵染性病害一般在田间分布均匀、发病程度由轻到重、没有发病中心。除高温日灼和药害外症状表现一般都是全株性的，有病状而没有病征。而传染性病害在田间分布呈分散状分布，由点到面，由一个发病中心向四周扩展，或表现出随风向或水流方向蔓延的趋势。从症状上看传染性病害一般都有病征。如真菌病害病征为粉状物、霉状物、锈状物等；细菌病害病征为潮湿时有脓状物；寄生性种子植物易见寄生植物；线虫病害也易见寄生线虫，病毒等无病征病害的症状典型，如变色、畸形等。

此外,进行蔬菜病害的田间诊断时,除注意症状观察和病害的田间分布情况外,还需了解发病地点的地形、土质及特殊的环境条件。如土壤、肥料、气象等条件是否适宜,是否有化学毒物、气体等不良因素,栽培管理过程是否科学合理。

(2)病害的室内诊断　主要是病原镜检,以及病原物的分离、培养和接种等方法。

①真菌病害　一般用解剖针从病组织挑取病部病征(粉状物、霉状物或粒状物)临时制片镜检,观察病原物孢子的形态、大小、颜色及着生情况进行鉴定,对少见病害可分离培养或查阅资料确定。对于有些病害如果没有明显的病征,可通过适当的保湿培养,待其病征充分表现出来后再行镜检。

②细菌病害　可取病健组织交界处0.5～1厘米置载玻片上,滴1滴无菌水,撕破病组织,盖上盖玻片,镜检发现有云雾状溢出即可初步断定,如果要做进一步鉴定,可用柯赫氏法则、革兰氏染色、生理生化反应等方法鉴定。

③病毒和类病毒病害　可用电镜观察、血清学反应等鉴定。

④线虫病害　可将线虫病害病部产生的虫瘿或瘤剖开,挑起病组织镜检,观察线虫的情况,若病部难见虫体,可用漏斗分离或叶片染色法进行检查。

⑤罕见或新的病害　一般要通过分离培养和人工接种,才可确定其病原。即按柯赫氏法则进行鉴定,尤其是接种后看是否发生同样病害是最基本的,也是最可靠的方法。

(3)蔬菜病害诊断需注意的问题

①病害症状的复杂性　同原异症,即不同植物、或在同一植物不同部位、不同发育时期、不同的环境条件症状可不一样;同症异原,即不同植物、或在同一植物不同部位、不同发育时期、不同的环境条件症状可相同。

②伤害与病害的区别　伤害包括虫害、雹害、风害等机械损伤，虫害如螨类、蚜虫等可使叶变色、卷曲等不能与病害混淆。

③病原菌与腐生菌的区分　植物受病原菌侵染，前期感染了病原菌，后期感染了腐生菌，镜检时要区分开来。

④并发性病害与继发性病害的区别　并发性病害——当植物发生一种病害的同时，有另一种病害伴随发生。继发性病害——当植物发生一种病害后，可继续发生另一种病害。

11. 什么是真菌？病原真菌有什么特点？

真菌是一类种群极多，分布极广的生物。在各类病害中，真菌所致病害最多，危害最大，约占各个病害的80%以上。每种植物几乎都有真菌病害，如各种霜霉病、白粉病、锈病等都是由真菌引起的。

病原真菌的特点：有真正细胞核，没有叶绿素，具有甲壳质或纤维素的细胞壁；一般能进行有性或无性繁殖，形成形态复杂的各式的孢子以传种接代；真菌营养体是功能上没有分工的丝状并有分枝的菌丝体，通过吸收从外界取得营养。

12. 植物病原真菌的致病特点是什么？

在病原物引起的蔬菜病害中，真菌病害最多，其主要的致病特点如下。

(1)症状类型　蔬菜真菌病害几乎包括植物病害的所有症状类型，主要有坏死、腐烂、萎蔫、畸形。在寄主病部表面常常会产生各种子实体，即病征，可通过刮、拨、挑的方法在显微镜下观察其形态。如病部还没生长出病原菌的结构，可用保湿培养24小时的方法来进行检查。应当注意：在寄主已死的部分，有时所生的霉状物等并不一定是病原真菌，而是与发病无关的腐生菌在其上寄生，所以必须通过柯赫氏法则鉴定后才能确定是否病原菌。病害的症状在病害诊断上具有重要的意义，一些常见蔬菜病害通过症状及病菌子实体的形态即可鉴定出来。

(2)侵染来源　病原真菌以菌丝体、孢子在寄主病残体、种子、苗木、土壤、肥料等处潜伏越冬过夏，成为初侵染的来源。

(3)侵入途径　病菌通过直接侵入、伤口和皮孔、蜜腺等自然孔口侵入。侵入后在寄主的组织内或细胞内生长，而后在寄主表面或内部形成子实体。

(4)真菌的传播方式　真菌主要借助气流(风)和雨水飞溅而传播，少数真菌(如锈菌)还可通过高空远程传播。

13. 什么是细菌？植物病原细菌有何特点？

细菌是一类结构简单的原核微生物，单细胞，不含叶绿素，可在人工培养基上生长发育，以裂殖(二等分)的方式繁殖。

植物病原细菌都是杆状，绝大多数有鞭毛(在 300 多种植物病原细菌中，无鞭毛不能运动的约有 12 种)，细胞壁外有黏质层，但很少有荚膜，也不产生芽孢，革兰氏染色呈阴性，少数是阳性。植物病原细菌对营养的要求大都不严格，寄生或腐生，所有植物病原细菌都是死体营养生物，都可以在一般人工培养基上生长。大多数植物病原细菌都是好氧的，以略带碱性的培养基较为适宜，一般适温为 26℃～30℃，在 33℃～40℃时停止生长，在 50℃条件下 10 分钟，多数细菌死亡。细菌只能从自然孔口和伤口侵入，首先在寄主细胞间繁殖，而后进入到厚壁细胞中或微管束组织细胞中，其侵染来源有种子、土壤、病株残体、杂草、昆虫介体等。传播途径主要是雨水、灌溉水、介体和农事操作等。

14. 植物病原细菌的致病特点是什么?

植物病原细菌目前已知道有300多种,其重要性仅次于真菌、病毒位居第三位。其主要的致病特点如下。

(1)*症状* 植物病原细菌都是非专性寄生菌,它们与寄主细胞接触后,通常先将细胞或组织致死,然后从坏死细胞的组织中吸取养分,导致的症状常常是组织坏死、腐烂和萎蔫,少数能分泌刺激素引起肿瘤,因此细菌性病害的症状主要是坏死、腐烂、萎蔫和畸形4种类型。病征为脓状物。

细菌造成的病斑,常在病斑周围呈水渍状或油渍状,在天气潮湿的情况下,病斑上出现黏液状物,还常有黄色或乳白色,此为菌脓。这与真菌性病害产生的霉状物和粉状物不同,是细菌病害的重要标志。叶片形成的坏死斑点因受叶脉限制常呈角斑或条斑,有的后期脱落,穿孔。果实受害,常造成软腐并具有臭味,如引起马铃薯块茎腐烂的欧氏杆菌。有的细菌则在寄主维管束的导管内扩展,引起植株萎蔫,如引起多种植物青枯病的假单胞杆菌,引起马铃薯环腐病的棒状杆菌。还有的细菌侵入植物后引起寄主细胞分裂,体积增大形成肿瘤,如引起根癌病的土壤杆菌,植物细菌病害常在病部表现水渍或油渍状,在空气潮湿时有的在病斑上产生胶黏状物称为菌脓。

为确定细菌性病害,除了观察症状和分离培养外,简便的方法可采取病叶,在病健交界处剪取一小块组织,放在滴有清水的清洁玻片上,加上盖玻片,不久后对光观察,可见切口处有污浊黏液溢出。在病秆和病薯切口处也常见菌脓溢出。

(2)*侵染来源* 主要有种子、土壤、病株残体、杂草、昆虫介体等。

(3)*侵入途径* 细菌只能从自然孔口和伤口侵入,首先在寄主细胞间繁殖，而后进入到厚壁细胞中或微管束组织细胞中。

（4）传播方式　植物病原细菌在田间的传播主要通过雨水、灌溉流水、风夹雨、介体昆虫、线虫等。许多植物病原细菌还可以通过人的农事操作在田间传播，如马铃薯环腐病主要通过切刀传播。由种子、种苗等繁殖材料传播的细菌病害，主要通过人的商业、生产和科技交流等活动而远距离传播。

（5）发生条件　一般高温、多雨（尤以暴风雨）、湿度大、氮肥过多等因素均有利于细菌病害的流行。

（6）防治要点　防治植物细菌病害首先要采用无病种子，种苗或进行种子消毒；搞好田间卫生，清除病残体，尽量减少初侵染源；加强栽培管理，实行轮作，选育抗病品种等；对某些种传的细菌病害要加强检疫工作，防止病区继续扩大；对某些流行性强的细菌病害还应搞好测报工作，适当进行化学防治。

15. 什么是病毒？植物病原病毒有何特点？

病毒是一组（1 种或 1 种以上）DNA 或 RNA 核酸分子，包围在蛋白或脂蛋白外壳内，在合适的寄主细胞内借助于寄主蛋白合成体系、物质和能量完成复制，伴随核酸突变发生变异的分子寄生物。简单地说，病毒是一类由核酸和蛋白质组成的非细胞状态的分子生物。

植物病毒的基本存在形式（形态）是病毒粒体。病毒粒体的形态微小，只有在放大数万倍的电镜下才能观察到，其度量单位通常采用纳米（nm，$1nm=10^{-9}m$）。形态主要有：球状、线状、杆状、弹状、双联体状、丝线状、柔软不定型等。植物病毒粒体主要含有核酸和蛋白两大部分。中间为核酸芯（RNA 或 DNA），外部有外壳蛋白（Coat Protein，CP）包被形成衣壳，少数病毒在蛋白衣壳外面还包被一层那囊膜（envelope），称为包膜病毒。但不同的病毒，其结构也不相同。植物病毒病的病原，广义上包括病毒、类病毒、类菌原体等。

16. 植物病原病毒的致病特点是什么？

植物病毒是仅次于真菌的主要病原物，目前已研究和命名的植物病毒达1 000多种，其所造成的损失仅次于真菌病害。植物病原病毒的致病特点同真菌、细菌相比，在症状、传播和侵染等方面都存在明显的差异。

(1)病毒病害的症状　植物病毒病害症状的最大特点是只有病状而无病征。除外部病状外，其内部病变也比较明显，最主要的变化就是寄主细胞内可产生形态各异的内含体。

在植物病害5种类型症状中，植物病毒病主要表现变色、坏死和畸形症状，腐烂和全株萎蔫是很少见的。同时植物病毒病害几乎都属于系统侵染的病害。根据其症状特点，可把病毒分为2种：

①花叶类型的病毒病　典型症状是深绿与浅绿相交错的花叶症状，此外还有斑驳（黄色斑块较大）、黄斑、黄条斑、枯斑、枯条斑等。

②黄化类型的病毒病　主要症状是叶片黄化、丛枝、畸形和叶变形等。

(2)病毒的侵入、增殖、传播

①侵入　病毒侵入寄主时，必须与寄主的原生质接触后才能增殖，所以病毒侵入时，必须通过不至于造成细胞死亡的微小伤口（即微伤），才能完成侵入，并建立寄生关系。有些病毒，是通过在寄主细胞壁上机械地造成微伤而侵入，有的却需要特定的昆虫的刺吸式口器，把病毒输入寄主的薄壁组织或韧皮部中。

②增殖（复制）　病毒在活寄主体内进行增值，其增殖方式与真菌和细菌等一般微生物不同。当病毒侵入寄主细胞后，寄主细

胞的代谢作用在病毒的影响下发生改变，病毒在寄主新陈代谢的体系中利用寄主的营养物质和能量分别合成核酸和蛋白组分，从而组装成新的病毒个体（粒体）。通常病毒的增殖过程也就是病毒的致病过程。

③传播方式　植物病毒通过汁液摩擦和嫁接传染，如病、健株间叶的相互摩擦，根相互接触，农事操作如整枝、打杈等。许多病毒还能借昆虫介体而传染。在传毒虫媒中，以蚜虫和叶蝉最主要，特别是蚜虫，是许多蔬菜病毒的传毒介体。此外，种子带毒现象也比较普遍，即病毒还可以通过种子传染。

17. 什么是线虫？植物病原线虫有什么特点？

线虫又称蠕虫，属无脊椎动物中的线形动物门、线虫纲，在自然界中分布广、种类多，是仅次于昆虫的一大类群动物。危害植物的称为植物病原线虫或植物寄生线虫，或简称植物线虫。

植物病原线虫多为线形，一般呈两端尖细的不分节的、表面光滑的、透明或半透明的线形体，细长，平均长度为 1 毫米，宽0.03～0.05 毫米，少数长于或短于此值。有的呈纺锤形，横断面呈圆形。有些线虫的雌虫成熟后膨大成柠檬形或梨形。线虫的体型因类别而异。大多数植物病原线虫雌雄同型，少数为雌雄异型，雌成虫体膨大呈梨形或球形，但在其幼虫阶段都是线形的小蠕虫。

18. 植物病原线虫的致病特点是什么？

植物病原线虫的致病特点可体现于症状、致病作用、侵染与寄生方式和传播等方面。

(1)症状　植物线虫病症状特点主要有 3 个方面：①为害部位大多数在地下根部，少数为害地上部叶片或籽粒。②症状类型以局部畸形为主。根部表现肿大,须根丛生,终致根腐。叶上产生褐斑。籽粒变为虫瘿等。③病株地上部早期症状不明显,随着病情的发展,尤其发病中后期表现为生长缓慢、衰弱、矮小、色泽失常、叶片垂蔫、早衰,酷似营养不良现象。大多无病征,只有外寄生线虫所致病害才有。

(2)致病作用　植物寄生线虫对寄主的致病作用是:①直接作为病原物,引起植物病害。口针刺伤寄主、在寄主体内穿行造成机械伤害、分泌酶和毒素,引起病变。争夺寄主营养。②线虫在寄主植物体内穿刺移动,造成伤口,为其他病原物提供侵入途径,如真菌、细菌等,造成复合侵染,造成并发症。③线虫在穿刺寄主过程中,其食管腺分泌的酶或毒素,能消解寄主细胞中的物质和造成各种病变。如刺激细胞增大,刺激细胞分裂形成肿瘤或畸形,抑制细胞分裂,溶解中胶层,使细胞离析,溶解细胞壁,破坏细胞。

(3)侵染与寄生方式　植物寄生线虫多数是专性寄生的,只能在活组织中吸食;少数可兼营腐生生活(从死组织中吸食)。线虫寄生方式有:①内寄生(线虫体全部钻入组织内穿刺吸食)。②外寄生(线虫体大部分在植物体外,仅其头部刺入组织内吸食)。③前期外寄生,后期内寄生(少数线虫)。

(4)传播　①近距离传播主要通过土壤、水流、人畜活动和农具等。自然力传播中以水流传播,特别是灌溉水的传播最重要。②远距离传播主要借寄主植物种子(混有虫瘿籽粒)及无性繁殖材料的调运。靠线虫的自身活动而进行的迁移,多发生在根际,移动距离很有限。

19. 寄生性种子植物是什么?

植物由于根系或叶片退化,或者缺乏足够的叶绿素,不能自养,必须从其他植物上获取营养物质而营寄生生活,称为寄生性植物，大多数属于高等种子植物，能够开花结籽，又称为寄生性种子植物。寄生性种子植物都是双子叶植物，约有 2 500 种，分属于 12 个科。其中最重要的是桑寄生科、菟丝子科和列当科，其次为玄参科、檀香科和樟科等。

寄生性种子植物按照寄生部位可分为根寄生（如列当科等）和茎寄生（如桑寄生科、菟丝子科等）；而根据其对寄主植物营养的依赖程度，又可把它们分为半寄生（如桑寄生和槲寄生等，为绿色的寄生植物，含叶绿素，能行光合作用自制有机养分，但借吸器官从接生植物上吸取水分和无机盐）和全寄生（如菟丝子和列当等，为非绿色的寄生植物，没有叶片或叶片已退化呈鳞片状，没有根系，必须借吸器从寄主植物体内吸收全部或大部分营养和水分）。

在蔬菜中，已知受寄生性种子植物危害的有菟丝子危害冬寒菜、茴香、辣椒，列当危害甜瓜、西瓜等。

20. 寄生性种子植物的致病特点是什么？

（1）症状　被害寄主植物主要表现为生长受抑制。草本寄主植物受害主要表现为植株矮小、黄化，严重时全株被笼罩引致枯死。木本寄主植物受害主要表现为延迟开花或不开花，落果或不结果，叶片变小，顶枝枯死，局部或全部落叶，树势衰弱等。

（2）传播　大多数寄生性种子植物依靠风力和鸟类传播（如桑寄生等），有的则随寄主种子的调运而远距离传播（如菟丝子、列当等），均属被动传播类型。少数借成熟果实吸水膨胀开裂而将种子弹射出去，属主动传播类型。

（3）侵染　寄生性种子植物不管是根寄生还是茎寄生，不管是半寄生还是全寄生，其对寄主植物的侵染，都必须通过吸器（吸盘或吸根）使自身的导管和寄主植物的导管相连（如桑寄生和槲寄生等），或使自身的导管和筛管同寄主植物的导管和筛管相连（如菟丝子和列当等），才能建立寄生关系，从寄主中吸取自身所需的水分和养分，侵染寄主植物。

21. 什么是病程？植物病害病程包括哪几个时期？

病程即病原物侵染过程，就是病原物与寄主植物可侵染部位接触，并侵入寄主植物，在植物内繁殖和扩展，然后发生致病作用，显示病害症状的过程，也是植物个体遭受病原物侵染后的发病过程，又称侵染过程。

病程不仅是病原物侵染活动的过程，同时受侵寄主也产生相应的抗病或感病反应；并且在生理上、组织上和形态上产生一系列的变化，逐渐由健康的植物变为感病的植物或者终于死亡。因此，病原物的侵染是一个连续的过程，各个时期并没有绝对的界限。为了便于更好地认识和说明这个过程，人为地把它分为 4 个时期，即接触期、侵入期、潜育期和发病期 4 个时期或 4 个阶段。

22. 各种病原物的侵入途径分别是什么？

病原物侵入寄主植物的途径主要有 3 种。

（1）直接侵入　直接穿透角质层和细胞壁。

（2）自然孔口侵入　植物的很多孔口，如气孔、皮孔、水孔、蜜腺、柱头等都可成为病原物的侵入孔口。

（3）伤口侵入　如剪伤、锯伤、虫伤、碰伤及其他机械伤害。大多数真菌和细菌靠伤口侵入。

真菌通过以上 3 种方式都可侵入寄主植物；细菌可通过自然孔口和伤口侵入；病毒主要经微伤口侵入；线虫和寄生性种子植物一般都是直接侵入。

23. 什么是病害循环？病害循环包括哪几个关键环节？

每一种侵染性病害都要经历几个不同的发展阶段，使病害和病原物得以发展和延续。这种从前一个生长季节开始发病，到下一个生长季节再度发病的过程称作病害循环。它反映了病害发生发展的周年循环状况。亦称侵染循环。

侵染性病害的发生，必须有侵染的来源，而且病原物必须通过一定的途径才能传播到植物体上引起感染。同时，病原物还要以一定的方式越冬、越夏，度过寄主的休眠期，才有可能在下一个生长季节引起发病。所以，病害循环包括病原物的越冬、越夏，病原物的传播，初次侵染和再次侵染以及侵染过程 4 个关键环节。

24. 病害循环的类型有哪些？

在侵染性病害中，病害循环大体分为 2 种类型：①在一个生长季节里，只有初次侵染而无再次侵染，称为单循环或单程病害。只有少数病害属于此类。如瓜类枯萎病。②既有初次侵染，也有再次侵染，而且在一个生长季节中再次侵染多次发生，这类病害称为多循环或多程病害。在侵染性蔬菜病害中，大多数病害属此类。如各类蔬菜的白粉病、霜霉病。

25. 各类病原物的越冬越夏场所有哪些？

病原物越冬和越夏场所一般也就是初次侵染的来源，病原物的越冬或越夏与寄主生长的季节性有关。越冬和越夏的场所主要有：田间病株、种子苗木和其他无性繁殖材料、病残体、土壤、粪肥、介体、温室或贮藏窖内。

26. 各类病原物的传播方式及其主要特点是什么?

病原物的传播方式包括:气流传播、雨水和流水传播、昆虫和其他生物(螨类、线虫、蜜蜂、鸟等)、人为传播(包括种子、农事操作、土壤、粪肥等)。各种病原物的传播方式和方法是不同的,真菌主要以气流和雨水传播;细菌多半是雨水和昆虫传播;病毒主要靠生物介体传播;寄生性植物可以由鸟类和气流传播;线虫主要由土壤,灌溉水以及水流传播。

(1)气流传播的主要特点

① 传播距离远　孢子数量大、体积小、重量轻、易脱落的病菌最适合气流传播。高空 10～20 千米,离开海岸 500 千米;但病原物的传播距离不等于病害的传播距离。

② 病原物的传播有梯度效应　距离愈远,密度越小,效率越低。

③病害分布比较均匀　在田间很少看到明显的发病中心(外地菌源)。但有些特殊,如马铃薯晚疫病,从发病中心开始(本地菌源)。

④防治难　此类病害防治比较困难,多数需要组织大面积联防,才能取得好的效果。

(2)雨水和流水传播的主要特点

①传播距离较近　一般只有几十米远。暴雨和风的介入能加大传播距离。

②田间有明显的发病中心　外地菌源一般不起作用。

③靠雨水和流水传播　雨滴飞溅(雨滴的溅散)和流水等是促进孢子释放和传播的动力。水滴的飞溅和水流、灌溉水、保护地内

凝集在塑料薄膜上的水滴以及植物叶片上的露水滴下时，都能帮助病原物传播。

④早期消灭发病中心或消灭当地菌源或者防止它们的侵染，常有较好的防治效果。

(3)昆虫和其他生物的主要传播特点

①传播介体多样　包括动物、植物和微生物等。昆虫、螨和某些线虫是植物病毒病害的主要生物传播介体，其中昆虫(特别是蚜虫、飞虱和叶蝉)或螨的传播与病毒病害的关系最大。鸟类除了传播桑寄生和槲寄生的种子以外，还能传播梨树火疫病等细菌。

②传播距离多变　这和介体活动距离相关。

③寄生率高　介体传播病菌到寄主表面的效率高。

④检疫　防治传播介体，对防治病害有一定的作用。

(4)人为传播的特点

①传播距离远　和人的社会、经济活动密切相关。

②传播不受季节和地理因素的限制　没一定的规律性。

③传播途径多样　各种人为活动都有可能传播。

27. 病程、病害循环及病菌的生活史的关系如何?

病程是病原物在寄主植物上一次侵染发病的过程，而病害循环是病原物在寄主植物上周年发生情况，由一或多个病程继代发生而组成的，中间由传播而联结。由此可见，病程属于侵染循环中的一个环节，不能与病害循环等同。生活史是病原物个体发育史。指从一种孢子状态开始，经过一系列的生长发育，又回到同一种孢子状态的过程。

病原物的生活史是病害循环的基础，病害循环又保障了病原物完成其生活史，二者相互依从、相互制约，密不可分。

28. 什么是病害流行？病害流行的必备条件是什么？

植物病害的流行是指在一定时间和空间内病害在植物群体中大量严重发生，并造成重大经济损失的现象。病害的流行主要是研究植物群体发病及其在一定时间和空间内数量上的变化规律，所以对它的研究往往是在定性的基础上进行定量的研究。

病害流行的必备条件是：大量集中种植感病的寄主植物，强致病力的病原物大量存在，有利于病原物而不利于寄主植物的环境条件持续时间长，三者共同构成了植物病害流行的必备条件。此外，植物病害还会受到人为因素的干扰，如连续单一地大面积栽培同一种作物品种，施用高水平的氮肥、免耕栽培、深灌以及不良的田间卫生状况，都可增加病害流行的可能性和严重程度。人为地施用化学药剂，人为引种将危险性的病害带入新区，都有可能造成病害流行。

29. 为什么大多数病害只能防不能治？

植物病害的防治，预防是关键。对大多数植物病害来讲，几乎只能防，不能治。理由如下。

(1)在生理和病理上　植物与动物不同，植物没有中枢神经系统、血液循环系统、淋巴系统及免疫系统，组织再生能力极弱，染病造成组织病变和器官损失后，不能修复。

(2)在技术上　没有早期诊断的新方法。一旦症状出现，则病入膏肓。治疗也没用。

(3)在经济上　治疗成本较高，难于采用。植物病害防治的对象，指群体而非个体，植物个体价值有限，单株治疗无意义，即使将来有了好的诊断治疗方法，也不能按株防治（精准农业、果树有可能）。

由此可见，在相当长时期内“预防为主”的原则牢不可动（基本原则），即使今后治疗技术有了新的突破，采用时仍当是“治个体，保群体”、“治点保面”。在战略上，还是“预防为主”。

30. 蔬菜害虫主要有哪些类型?

蔬菜害虫除包括为害蔬菜作物的昆虫外，通常还包括为害蔬菜的螨类（如红蜘蛛等）和软体动物（如蜗牛、害螺等）。这些害虫，咬食蔬菜的组织、器官，或吸食蔬菜器官的汁液，干扰和破坏蔬菜作物的正常生长，造成减产和质量下降。除引致直接损失外，一些害虫（如蚜虫等）还可以传播植物病害（如病毒病等），造成严重的间接为害。

31. 昆虫有哪些基本特征?

昆虫是无脊椎动物，属于节肢动物门的昆虫纲。所以，昆虫既具有节肢动物门所共有的特征，又具有不同于节肢动物门中其他各纲（如蛛形纲等）的特征。

昆虫纲是节肢动物门中最大的一个纲，其基本特征是：①躯体部分头、胸、腹 3 个明显的体段。②头部有口器和 1 对触角，通常还有 1 对复眼和若干单眼。③成虫胸部有 3 对足，分别着生在前、中、后胸上，一般还有 2 对翅（前翅和后翅），少数翅退化或特化。④腹部一般由 9～11 节体组成，包含生殖系统和大部分内脏。⑤躯体两侧有专为呼吸用的气门。

32. 昆虫口器有哪些类型？其构造和取食有何特点？

昆虫由于食性和取食方式的不同，其口器构造也发生相应变化，形成多种类型的口器。昆虫口器由头部的附肢—颚（上、下颚）、唇（上、下唇）和舌 5 个部分所构成。口器与前肠前端相接。有 2 个基本类型。

(1)咀嚼式口器　由 1 对上颚、1 对下颚、上唇、下唇和舌 5 个部分组成，为昆虫口器的原始类型，其他各种口器均由此演化而来。常见的蝶蛾类幼虫的口器，基本属于咀嚼式口器，所不同的是，其上颚特别发达，但下颚、下唇和舌则愈合成为复合体，此复合体端部具有一个突出的吐丝器。

(2)刺吸式口器　其特点是上颚和下颚特化为 2 对细长口针。一对口针成为排出唾液的唾液管，另一对为吸取营养液的食物管。下唇延长成一个管鞘状的喙槽。舌和下唇须则退化，上唇呈狭小三角形，盖在喙基部的上面，前肠前端——食窦和咽喉的一部分形成强有力的抽吸机构。

其他口器有：锉吸式口器（如蓟马）；虹吸式口器（如蝶蛾成虫）；刮吸式口器（如蝇类成虫）；舐吸式口器（如蝇类幼虫）；咀吸式口器（如蜂类幼虫）。

33. 昆虫的繁殖方式有哪些？

昆虫的繁殖方式多样，都属于有性繁殖。

(1)两性生殖（又称两性卵生）　昆虫绝大多数是雌雄异体，通过雌雄交尾、受精，产生受精卵，每个受精卵发育为一新个体。两性生殖是昆虫繁殖后代最普遍的方式。

(2)单性生殖(又称孤雌生殖) 雌虫不经交尾或卵不受精而产生新个体。蚜虫、介壳虫,一般雄虫比例小或没有雄虫,多进行孤雌生殖;蜜蜂、粉虱、部分介壳虫和部分蓟马,单性生殖与两性生殖并存。

(3)多胚生殖 1个卵在发育过程中,可分裂成2个以上的胚胎,每个胚胎发育成1个新个体。很多内寄生性蜂类,为适应寻找寄主的困难而进行多胚生殖。

(4)胎生 主要是卵胎生。卵在母体内完成胚胎发育,孵化为幼虫或若虫再产出体外。这类昆虫胚胎发育的营养由卵黄供给,如蚜虫、蝇类和甲虫等。昆虫的卵胎生与哺乳动物由母体供给营养是不相同的。

34. 了解昆虫的生殖系统对害虫的预测预报有何意义?

昆虫的生殖系统位于昆虫腹部,包括内生殖器和外生殖器。通过解剖观察雌成虫卵巢的发育情况和抱卵量,可分别用来预测它的产卵时间和产卵量。昆虫在性成熟时,分泌的性外激素所散发的气味能招引异性昆虫,所以可以利用此特性用性外激素来诱集或诱杀雄虫,使雌虫失去交尾的机会。也可以用化学不育剂或其他方法处理昆虫,破坏其生殖功能,达到使其不育的目的。从而可以控制或消灭害虫。

35. 什么是昆虫的变态?昆虫的变态主要包括哪几类?

昆虫自卵孵化出的幼体,直至羽化为成虫的生长发育过程中,不仅躯体逐渐增大,同时还发生一系列的形态和生理上的剧烈变化，致使性成熟的成虫与幼体显著不同，这个过程称为变态。昆虫变态的类型很多，主要有不完全变态和完全变态两大基本类型。

(1)不全变态　昆虫在个体发育过程中，只经过卵、若虫(相当于幼虫)、成虫3个阶段称为不全变态。

①渐变态　渐变态属于不全变态。其幼虫在外形上与成虫很相似，故又称“若虫”，在同翅目的蚜虫中称“若蚜”，在蝗虫中称“蝗蝻”。随着它们生长发育的继续，成虫期的外部特征主要是指翅在其体外逐步发育形成。

②半变态　半变态也属于不全变态。其幼虫期是在水中生活。如蜻蜓的幼虫，通称“稚虫”。稚虫与成虫在形态上和生活习性上有着很大的差别。

③过渐变态　过渐变态是属于不全变态中特殊类型。它的幼虫在转变为成虫时有一个不吃不动类似蛹的龄期。由于有类似蛹的虫态，好像是从不全变态向全变态的过渡型。

(2)全变态　昆虫在个体发育过程中，要经过卵、幼虫、蛹和成虫4个阶段。其幼虫在形态和生活习性上与成虫截然不同。这种变态类型称为全变态。在幼虫变为成虫的过程中，口器、触角、足等都需要经过重新分化。因此，在幼虫与成虫之间要经历“蛹”这一特殊阶段来完成这些变化。

36. 了解害虫的幼虫期对害虫预测预报及其防治有何指导意义？

不同昆虫种类，其年龄长短及龄数是不同的，同时也受环境条件变化的影响。掌握幼虫的虫龄和龄期，对害虫预测预报和防治有一定意义。例如，对蝶蛾类幼虫，抓住幼虫三龄期及时防治，效果才显著。又如，十字花科蔬菜小蝶蛾，通过了解其幼虫龄期等发育动态，就可预测其蛹期及成虫羽化高峰期、产卵盛期等，这对指导防治具有实际意义。

37. 什么是昆虫的世代和世代重叠？什么是昆虫的生活史？

昆虫的生活周期，从卵开始至成虫性成熟产卵为止，称为1个世代。各种昆虫世代历期的长短和一年内所能完成的世代数是不相同的。有的1年1代（如荔枝椿象），有的1年几代（如小菜蛾）甚至几十代（如蚜虫等），有的多年才1代（如褐天牛2年1代）。在一年内发生多代的昆虫，往往由于成虫期和产卵期长，形成后代个体生长发育不整齐，造成上下世代间划分不清，即在同一时期可见到不同世代的同一虫态发生，这一现象称为世代重叠。

昆虫完成1个世代的个体发育史称为昆虫生活史。在不完全变态昆虫中，其生活史包括卵、若虫、成虫3个发育阶段。在完全变态昆虫中，其生活史包括卵、幼虫、蛹和成虫4个发育阶段。

38. 什么是昆虫的趋性？昆虫的趋性有哪些？

趋性是昆虫对某种外界刺激来源产生趋向或回避的反应运动，有正趋性和负趋性之别。按照刺激物的性质，趋性可分为趋光性、趋化性、趋绿性等。趋光性是昆虫通过视觉器官，对光源产生趋向反应的行为，如许多夜蛾对短光波的黑光等表现趋性，据此人们常利用灯光诱杀害虫。趋化性是昆虫通过嗅觉器官对于化学物质气味的刺激而产生发生反应的行为，据此人们常利用糖醋毒饵来诱杀黏虫。趋绿性或趋黄性等，是昆虫通过视觉器官对绿色、黄色等不同颜色的忌避反应行为，有的昆虫喜欢在深绿密茂植株上产卵，有的昆虫如蚜虫对黄色表现正趋性，对银灰色表现负趋性，据此人们用黄板涂机油诱杀蚜虫，用银灰色薄膜驱避蚜虫。

39. 什么是昆虫的群集性?

一些昆虫在有限的面积上,常聚集大量个体,此种现象称为昆虫的群集性。按群集时间的长短又可细分为暂时群集和长期群集2类。

(1)暂时群集　发生于昆虫生活史中的某一段时间,过后就分散,例如斜纹夜蛾幼虫在3龄以前常群集为害。

(2)长期群集　有的昆虫终生群集在一起,群集形成以后往往不分散,例如群居型的飞蝗。

40. 什么是昆虫的假死性?在防治上假死性有何利用价值?

一些昆虫一遇惊扰就坠地假死,一动不动,片刻以后又爬行或起飞,这种现象称为昆虫的假死性。在防治上,人们常利用昆虫这种假死性,采用骤然振落的方法来进行人工捕杀或放鸡、鸭啄食。

41. 昆虫的扩散和迁移性如何?

不少害虫,在成虫羽化至翅变硬的时期,有成群从一个发生地长距离地迁飞到另一个发生地或小范围内扩散的特性。不论暂时性群集还是永久性群集,因虫口数量很大,食料往往不足,因此要转移为害。这是昆虫的一种适应性,有助于种的延续生存,如东亚飞蝗,不仅群集,而且长距离群迁。此外,某些害虫,还可以在小范围内扩散、转移为害,如黏虫幼虫在吃光一块地的植物后,就会向邻近地块成群转移为害。

了解害虫的迁飞特性,查明它们的来龙去脉及扩散、转移的时期，对害虫的测报与防治具有重大意义，应注意消灭它们于转移迁飞为害之前。

42. 什么是昆虫的激素？昆虫激素有哪些类型？

昆虫激素是由虫体内分泌器官或腺体分泌出来的生物化学物质。昆虫生长、发育、变态、生殖、滞育等生活功能，都受激素的调节和控制，只需微量，就能激发个体内部或同种内其他个体的生理活动。昆虫激素按其生理作用及作用范围可分为内激素和外激素。

(1)内激素　昆虫分泌到体内的激素，用以调节控制虫体本身的发育、变态及一般的生理代谢作用，包括脑激素、保幼激素、蜕皮激素等。

(2)外激素　又称信息激素，为昆虫的特殊腺体分泌到体外的化学物质，能起到个体的通讯作用，包括性外激素（能招引雄虫前来交尾）、标迹外激素（如家白蚁中的工蚁能分泌这种激素，使其他工蚁能沿路寻来，起到“路标”作用）等。

43. 昆虫天敌是什么？昆虫天敌有哪些类型？

在自然界中，昆虫常因其他生物的捕杀或寄生而引起死亡，使群的发展受到抑制，昆虫的这些生物性自然敌害，通称为昆虫天敌。昆虫天敌的种类很多，大体可归纳为 3 大类。

(1)昆虫病原微生物　包括病原细菌（如芽孢杆菌等）、真菌（如白僵菌等）、病毒（如细胞核和细胞质多角体病毒等）、线虫。

(2)食虫昆虫　包括捕食性昆虫（如蟑螂、瓢虫、草蛉、食蚜蝇、猎蝽、虎甲、步甲等）和寄生性昆虫（如寄生于卵的赤眼蜂、平腹小蜂等及寄生于若虫或成虫的蚜茧蜂等)。

(3)其他食虫动物　包括蛛形纲的蜘蛛、肉食螨,脊椎动物中两栖类的青蛙、蟾蜍,爬行类的蜥蜴、壁虎,鸟类中的啄木鸟、燕子、杜鹃、山雀,兽类中的蝙蝠、刺猬,家禽中的鸡、鸭等。

44. 螨类是什么?螨类和昆虫有何区别?

螨类属于节肢动物门、蛛形纲。它同昆虫纲一样,在自然中分布广泛,种类繁多,按其经济价值大体分为医学和农业(如红蜘蛛成为农业的大敌)2个方面。当然,有的螨类也是很有益的,如可用来进行生物防治捕食性植绥螨。

螨类与昆虫不同之处主要在于:①螨类躯体仅分为头胸部和腹部2个体段,体型微小,通常不足2毫米。②螨类无触角、无翅。③螨类一般具足4对(若螨足3对)。

45. 从栽培的角度考虑,植物病害的防治应注意哪些关键环节?

从栽培的角度考虑病虫害的防治,就是协调农业生态系中的各因素,创造有利于作物生长发育的条件,增强寄主抗病性,或者造成不利于病原物生长、繁殖和传播的环境,使病害不会发展到流行的程度,是最经济、最基本的防治方法。主要考虑以下几个环节。

(1)选种　选用无病种子、秧苗和无性繁殖材料。

(2)合理轮作倒茬　病原物遇不到适宜的寄主使得接种体数量降低。同时轮作可以改变土壤中微生物区系,造成不利于病原微生物增长的土壤环境条件,还可以促进土壤中拮抗微生物的活动,抑制病原物的滋长,病害会逐渐减轻。轮作还可以调节地力,改善土壤理化性能，有利于作物的生长发育，提高寄主植物抗病性。

(3)适期播种　将播种期提前或错后一段时间，使作物的感病期与病原菌的大量繁殖侵入期错开，人为地给作物创造一个避病条件，从而减轻病害的发生流行。

(4)加强水肥管理　对植物的生长发育及其抗病性都有较大影响，与病害消长的关系密切。

(5)搞好田园卫生　减少病害在田间扩大蔓延的机会。

46. 合理利用抗病品种的方法是什么？

在抗病育种时尽量应用多种类型的抗病性和抗病基因不同的优良抗原，培育具有多个不同抗病基因的聚合品种；对抗病品种进行多地区测试，或经多种不同来源的菌株或小种接种，使测试品种经受尽可能多的致病因子的选择压力，获得抗性强而持久的品种；在品种的选用上，可应用和推广具有水平抗病性或持久抗病性的品种或混合抗病品种；进行品种的合理布局；轮换地使用具有不同抗病基因的抗病品种。

二、蔬菜苗期病虫害

1. 为什么蔬菜苗期容易死苗?

蔬菜苗期死苗原因主要有以下几方面:

(1)病害 因猝倒病、立枯病和根腐病等病害引起的死苗。

(2)冻害 其主要原因是天气突变,冷空气等恶劣气候侵袭,苗床通风时冷空气对流或揭膜通风过猛过急,苗床内外冷热空气变化过大,蔬菜苗适应不了所致。

(3)管理不当 症状表现为幼苗上部为水煮状萎蔫下垂,不变色,而后干枯死苗。其主要原因是长期阴雨,苗床长时间不通风换气,光照时间少,幼苗在低温高湿、弱光条件下生长,营养消耗过大,不能适应天气突然晴朗后的温度、湿度和光照变化所致。

2. 蔬菜育苗期间主要发生哪几种病害? 其危害情况如何?

蔬菜苗期病害主要有猝倒病、立枯病、根腐病和灰霉病等,全国各地均有不同程度的发生。引起烂苗、死苗,甚至苗床毁灭,造成严重损失。苗期病害发生范围很广,如葫芦科、茄科、十字花科等蔬菜幼苗均可受到危害。

3. 蔬菜苗期猝倒病的症状及发生特点如何?

猝倒病又叫小脚瘟,是蔬菜苗期的重要病害之一。发病幼苗茎基部呈水渍状病斑，发展至绕茎一周，病部组织腐烂干枯而凹陷，产生缢缩。水渍症状自下而上继续延展，使幼苗子叶或幼苗还没凋萎即倒伏于地，出现猝倒现象，然后萎蔫失水，进而干枯呈线状。条件适宜，病害发展极快，引起成片死苗，在病情基数较高的地块，常常幼苗在出土前或刚刚出土胚芽即受侵染，呈水渍状腐烂，引起烂种。病田表土湿度大时，遗留在地里的死苗及所处的土表，往往长出一层棉絮状的白霉。

猝倒病属真菌病害，由鞭毛菌亚门腐霉属真菌侵染致病。病菌以卵孢子在土壤中越冬，可在土中长期存活。翌年春，遇到适宜的条件，卵孢子萌发产生芽管或游动孢子，借雨水或灌溉水、农具传播，引起再侵染。

4. 蔬菜幼苗期猝倒病菌和立枯病菌是如何传播侵染的？

两种病菌均可通过流水、雨水、农事操作以及使用带菌粪肥传播蔓延。引起猝倒病的腐霉菌可萌发产生游动孢子或直接生出芽管侵染幼苗；引起立枯病的立枯菌可直接侵入危害。侵入后，病菌在幼苗皮层的薄壁细胞组织中发育繁殖，进行再侵染，所以田间可见以中心病株为基点、向四周辐射蔓延的斑块状病区。

5. 蔬菜苗期立枯病的症状如何？怎样将其与猝倒病、根腐病区分开？

立枯病是蔬菜苗期常发病害之一，受害幼苗茎基部产生暗褐色病斑，长椭圆形至椭圆形，明显凹陷。病斑横向扩展绕茎一周后，病部出现缢缩，逐渐根部收缩干枯，开始病苗白天出现萎蔫，晚上至清晨能恢复正常。随着病情的发展，萎蔫不再恢复正常，并继续失水，直至枯死。潮湿时病部长有稀疏的蛛网状霉层，呈淡褐色，即致病菌。病苗站立枯死，病部菌丝不明显，而猝倒病幼苗倒伏后枯死，病部菌丝茂密成层，是猝倒病与立枯病区别的主要特征。此外，猝倒病病势发展迅速，子叶尚为绿色未萎蔫时，病苗即倒伏，苗床上表现“膏药状”成片死苗。且初出土幼苗易发生。

由镰刀菌引起的根腐病在蔬菜整个苗期均可发生，发病部位为根部和根茎部。病部初期水渍状、褐色、软化腐烂、不缢缩，维管束变褐色，后期病部糟朽状、逐渐萎蔫枯黄而死。

6. 蔬菜苗期猝倒病和立枯病的发生条件是什么？蔬菜幼苗期为什么会出现沤根现象？

蔬菜苗期猝倒病和立枯病的发生主要是由于苗床管理不当或气候条件不适宜造成的。如播种过密，间苗不及时，浇水过量造成苗床过于闷湿，或通风不当造成床温变化太大，不利于幼苗生长，都能诱发病害。此外苗床保温不良，床内土壤温度低，或苗床地下水位高，土壤黏重，土壤温度不易升高，都易发病。大多数蔬菜幼苗适宜生长气温为 20℃～25℃，土温为 15℃～20℃。一般晴天有光照，易达到幼苗生长的温度。幼苗生长良好，抗病力强。若长期阴雨或下雪，苗床长期在 15℃以下容易诱发猝倒病。而苗床温度低于幼苗生长临界温度会发生沤根。土壤含水量过高，会妨碍幼苗根系的生长发育，降低抗病力，有利于病害的发生和蔓延。光照充足，幼苗光合作用旺盛，则生长健壮，抗病力强，尤其是紫外线有杀菌作用，因此在幼苗不受冻条件下，让阳光直射到苗床上，苗床经常通风换气可使幼苗生长良好。

沤根属于生理病害，主要是低温、土壤含水量过高，导致幼苗发育受阻，不发新根，根皮产生锈斑，发展到根部腐烂，地上部萎蔫。幼苗很容易拔起，叶缘枯焦，严重时成片干枯死亡。

7. 在生产中应如何防治幼苗猝倒病、立枯病和沤根现象?

防治蔬菜苗期病害,关键是要加强苗床管理,创造良好的环境条件,培育壮苗以增强幼苗抵抗力,可适当辅以药剂防治。

苗床应选在地势较高、向阳、排水良好的地块。床土尽量选用无病新土壤。若沿用旧床,播前应进行床土消毒。肥料应充分腐熟。可用 50℃热水烫种,以杀死附着于种子表面及潜伏于种子内部的病菌。播种前可用杀菌剂处理苗床,用多菌灵或其他杀菌剂配成药土下铺上盖。播种应均匀,不可过密。覆土应适宜,以便于促进出苗。播前应一次浇足底水,出苗后补水要选择晴天中午小水润灌,避免床土湿度过大。降低夜温,防止徒长,同时防低温冷害。苗床温度不能低于 12℃,可采用双层草帘,天幕法或双膜法,冷天迟揭早盖。苗稍大后晴天中午应适当通风炼苗,增强抗性。苗出齐后,应早间苗,剔除病苗、弱苗。种子分苗期浇水后的覆土及分苗后的覆土也可配制上述药土。

8. 蔬菜育苗和定植期主要有哪些害虫? 菜苗受害后会表现什么样的症状?

蔬菜育苗和定植期的主要害虫有地蛆、蝼蛄、蛴螬、小地老虎。

地蛆可为害播下的种子,取食胚乳或子叶,引起幼芽腐烂而不能出苗。为害幼苗时从根茎部蛀入向上取食,被害幼苗枯萎而死亡。

蝼蛄成虫和幼虫均在土中咬食刚播下的种子,特别是刚发芽的种子,也咬食幼根和嫩茎,或把茎秆咬断、扒成麻状,使幼苗萎蔫而死,造成缺苗断垄。尤其是蝼蛄在表土层活动时,由于它们来往串行，造成纵横隧道，使幼苗根和土壤分离，导致幼苗失水枯死。所以，农谚有“不怕蝼蛄咬，就怕蝼蛄搅”之说。

蛴螬能直接咬断幼苗的根、茎，造成幼苗枯死，严重的田块常造成缺苗断垄，春、秋对小麦、油菜为害较大。蛴螬啃食地下块根、块茎，使作物生长衰弱，直接影响产量和品质。如红薯、马铃薯、萝卜类春、秋受害严重。蛴螬啃食后不仅影响产品的外观品质，还易招致病菌从伤口入侵，对冬菜贮藏带来很大不便。

小地老虎幼虫为害蔬菜嫩梢、嫩茎、嫩叶，三龄以后可咬幼苗的根茎部、造成死苗。有时幼虫还将断苗向穴里拖、使苗斜立。

9. 如何防治蔬菜苗床内的地蛆？

施用充分腐熟的有机肥，施肥要均匀、深施；最好用无土育苗技术，如营养钵草炭基质育苗。要精选种子，瓜类豆类蔬菜应浸种催芽，浇足底水后再播种。蒜种剥去皮后适时播种。促使种子早发芽、早出苗，以保证苗齐、苗壮；秋翻地应适时，春翻地应尽量提早，避免翻耕过迟，湿土暴露地面招引成虫产卵；在地蛆发生为害的地块，隔日大水漫灌 2 次，可抑制为害。大蒜烂母期前，应随水追施氨水或碳酸氢铵等氨素化肥，利用氨气驱避幼虫，并大水勤浇，减少地面裂缝，防止烂母气味招引成虫产卵。

10. 怎样防治苗床内的蝼蛄和蛴螬？

(1)搞好农田基建　平整土地，深翻改土消灭沟坎荒坡，植树种草，消灭地下害虫的滋生地，创造不利于地下害虫发生的环境。

(2)合理轮作倒茬　地下害虫最喜食禾谷类和块茎、块根类大田作物，对棉花、芝麻、油菜、麻类等直根系作物不喜取食。因此，合理轮作可明显减轻地下害虫为害。

(3)深耕翻犁　春、秋播前翻耕土壤和夏闲地伏耕，通过机械杀伤、暴晒、鸟雀啄食等措施杀死蛴螬。

(4)合理施肥　猪粪厩肥等农家有机肥料腐熟后方可施用，否则易招引蝼蛄等产卵。化学肥料深施既能提高肥效，又能因腐蚀熏蒸作用起到一定杀伤地下害虫的作用。

(5)适时灌水　春季和夏季作物生长期间适时浇水，迫使上升土表的地下害虫下潜或死亡，可减轻为害。

(6)诱杀　蝼蛄雄虫具有较强的趋光性，可利用黑光灯进行诱杀。

此外，还可以采取挖窝毁卵的方法消灭蝼蛄。蝼蛄产卵盛期结合夏锄，发现蝼蛄卵窝，深挖毁掉。也可采取犁后捡虫的方法消灭蛴螬。

11. 春播蔬菜定植后如何防治小地老虎?

及时铲除杂草，消灭卵和初孵幼虫。春耕多耙，夏秋施行土壤翻白。铲除部分卵和幼虫。设黑光灯或糖醋液诱杀成虫。发现田间有断苗后，于清晨拨开断苗的表土，捕杀幼虫。水利条件灌排方便的田段，可采用晚间灌水浸田，迫使幼虫爬出土面而捕捉，确保作物全苗生长。

12. 蜗牛是怎样为害蔬菜的? 如何防治?

蜗牛主要取食蔬菜的幼苗、叶片或其他幼嫩器官，形成较大的缺刻和孔洞，造成缺苗断垄。初孵幼螺只取食叶肉，残留表皮，个体稍大后可用齿舌将幼叶舐成小孔或将细小叶柄咬断，同时分泌黏液污染蔬菜。取食造成的伤口有时还可诱发软腐病，致使菜叶或菜株腐烂坏死。

根据蜗牛生活习性可因地制宜采取以下措施或方法。

(1)地膜覆盖　既有利于蔬菜生长,还能使蜗牛的为害明显减轻。

(2)合理密植　及时整枝绑蔓,去除下部老叶,铲除杂草。雨后或浇水后要及时中耕,可以破坏蜗牛的栖息和产卵场所。

(3)耕翻　冬春季节耕翻土地,使部分越冬蜗牛暴露地面冻死或被天敌啄食。

(4)人工诱集捕杀　日落前用树叶、杂草、菜叶等在菜田作诱集堆,每隔 3～5 米放置 1 堆,于天亮前集中捕捉。

(5)石灰带保苗　在沟边、地头或蔬菜行间撒 10 厘米左右的生石灰带,每 667 平方米用生石灰 5～7.5 千克,蜗牛不敢越过石灰带,若强行从石灰带爬过,一般都会死亡,用此法保苗效果良好。

三、瓜类蔬菜病虫害

1. 瓜类蔬菜霜霉病发生情况如何？怎样识别瓜类霜霉病？

霜霉病是瓜类蔬菜上危害严重、发生普遍的重要病害，由鞭毛菌亚门假霜霉菌侵染引起，属于专性寄生菌。可侵害黄瓜、丝瓜、西葫芦、苦瓜等多种瓜类作物。

瓜类霜霉病苗期和成株期均可发生。危害叶片、茎、卷须及花梗，主要是叶片，幼苗期发病，子叶正面产生不规则形的褪绿枯黄斑，潮湿时，叶背产生灰黑色霉层，严重时，子叶变黄干枯。成株期发病，多从下部叶片开始，逐渐向上蔓延。发病初，叶片正面发生水渍状淡绿色或黄色的小斑点，后渐扩大，由黄色变成淡褐色，受叶脉限制形成多角形的病斑，在叶片背面病斑处生成紫灰色霉层。在潮湿的条件下，霉层变厚，呈黑色。严重时，病斑连接成片，全叶黄褐色，干枯卷缩，全株叶片枯死。发病后在高温干燥的条件下，霉层易消失，病斑迅速枯黄，病情发展较慢。

2. 瓜类霜霉病的侵染循环特点是什么？

在南方周年种植瓜类蔬菜的地方，霜霉病菌可全年侵染发病。在北方病菌主要以卵孢子在病组织中或随病叶在土壤中越冬，对于保护地栽培的蔬菜，病菌也可以孢子囊和菌丝在瓜类蔬菜上危害越冬。翌年条件适宜时，卵孢子萌发产生孢子囊，再由孢子囊产生游动孢子，借风雨传播到寄主叶片上，从叶片背面气孔侵入。北方的病菌也可能是从南方随季风而吹来。菌丝体在寄生细胞间蔓延，以吸器伸入细胞吸取养分。只要条件适宜，在生长期内病菌能不断产生孢子囊进行重复侵染，生长后期，在病部组织中产生卵孢子。

3. 怎样才能有效地防治瓜类霜霉病?

低温高湿有利于瓜类霜霉病的流行，不同作物品种对该病的抗性也有明显的差异，因此在防治上应采取以选用抗病品种为基础，改进栽培管理措施，尽量创造有利于植株生长，而不利于病害发展、流行的环境条件，必要时可辅助药剂防治。

(1)因地制宜地选择和利用抗病良种　如黄瓜霜霉病较抗病的品种主要有津杂和津研系列。但在利用抗病品种时要注意防止大面积品种单一化。

(2)做好菜园清洁工作　及时收集烧毁病残体；使植株通风透光，降低湿度；合理施肥浇水，适当增施磷、钾肥，可以提高植株的抗病力；要与非寄主作物轮作；采用营养钵育苗，培育壮苗，增强植株抗病性。

(3)保护地进行生态防治　利用温室和大棚控制室内温湿度条件，采用有利于植物生长发育，不利于病菌侵染的生态条件，达到防治病害的目的。具体方法可通过通风调节室内温、湿度，控制霜霉病的发生发展，方法如下：早晨先短时通风，排出湿气后闭棚。上午室温提至28℃～30℃，中午、下午通风。温度降至25℃左右，室内空气相对湿度降至60％～70％，温度低于20℃关棚。傍晚再酌情通风，可减少植株夜间吐水。夜间外界最低温度达到15℃左右可以整夜通风。阴雨天也要适当通风，但要防止雨水溅到瓜叶上。高温闷棚灭菌：大棚植物普遍发病后，在晴天中午闭棚2小时，使黄瓜生长点附近温度升至 45℃（不同植物温度不同），然后通风降温，处理 1 次可控病数天。闷棚时要求棚内湿度高，可在前一天浇 1 次水。

4. 瓜类枯萎病的发生危害情况如何？其症状有何特点？

瓜类枯萎病在我国各菜区都有发生，黄瓜、西瓜发病最重，冬瓜、丝瓜、西葫芦也发病，南瓜较少发生。

此病幼苗期至成株期均可发生，在伸蔓至结瓜中期进入发病高峰，连作地可造成大片瓜田植株死亡。幼苗发病，子叶变黄并萎蔫下垂，其根部和茎基部变褐色。严重时枯黄而死。成株期发病一般先出现暂时性萎蔫，后发展成永久性萎蔫，遍及全株后枯死。病株主干基部呈水渍状缢缩，后逐渐干枯，基部常纵裂，表面常有脂状物溢出，潮湿时病部常长有白色或粉红色霉状物，纵切病茎基部可见维管束呈褐色，是区别枯萎病与其他病造成死秧的主要特征。

5. 瓜类枯萎病的发生原因是什么？其侵染循环特点是什么？

瓜类枯萎病是一种真菌性土传维管束病害，由半知菌亚门的尖孢镰刀菌侵染而引起。病菌具有明显的生理分化现象，到目前为止已确定了以葫芦科为寄主的专化型有 7 种，即尖孢镰刀菌黄瓜专化型、尖孢镰刀菌甜瓜专化型、尖孢镰刀菌西瓜专化型、尖孢镰刀菌丝瓜专化型、尖孢镰刀菌葫芦专化型、尖孢镰刀菌苦瓜专化型、尖孢镰刀菌冬瓜专化型。各专化型主要侵害相应的瓜类，对其他专化型不侵染或只是轻微侵染。如西瓜专化型除使西瓜严重感病外，还使黄瓜、甜瓜轻度感病，但对其他供试植物致病性不明显。

病菌以菌丝、孢子和菌核在土壤、病株残体、未经腐熟的带菌肥料中越冬，少数在种子上越冬。病菌生活力很强，可存活5～6年。病菌主要通过根部伤口、侧根分枝处、茎基部裂口，根毛细胞间侵入，种子上的病菌可直接侵入幼根，以初侵染为主。病菌主要在寄主维管束内繁殖、蔓延。植株伤口多易发病，多雨潮湿、氮肥过多，都有利于病害发生。高温多雨季节发病严重。此病的发生常与大水漫灌、施肥不当、连作、地下害虫有关。

6. 如何有效防治瓜类枯萎病？

瓜类枯萎病是由尖孢镰刀菌引起的一种系统性病害，该病初侵染来源广、病菌生活力极强，可在土壤中存活10年以上，病菌侵入时期长，一旦发病，将会造成无法挽回的毁灭性损失，对作物产量和品质影响极大，所以有人说“瓜类枯萎病是癌症”，但只要我们从品种到栽培管理各环节把好关，对瓜类枯萎病防治还是可以起到良好作用的。该病的防治主要从轮作倒茬、应用抗病品种和进行嫁接等方面入手。

(1)利用抗病品种　利用抗病品种防治西瓜枯萎病是一种经济有效的途径之一。但由于病原菌的变异，抗病育种工作难度较大。

(2)轮作倒茬是生产上最简便、经济、有效的办法　与葱属植物轮作或混植，可以减少其后茬土壤中枯萎病菌的数量，减轻病害的发生。另外，水旱轮作，土壤淹水能够大大降低病原菌数量。轮作年限越长，防病效果越好。

(3)利用其他瓜类作物根部的抗病性作抗病砧木进行嫁接　黄瓜可用黑籽南瓜或南砧1号作砧木，西瓜以葫芦、瓠瓜、白籽南瓜作砧木。嫁接的方法有多种。关键是要掌握好苗龄和嫁接苗的温、湿度管理。

(4)加强栽培管理　土壤深翻换土是一项有效的农业措施，结合地膜覆盖几乎可以完全控制病害的发生。施有机肥和饼肥比施无机化肥发病轻，中氮中磷及低钾不利于病害的发展。另外，采用起垄栽培浅水沟灌发病较轻。施足腐熟的有机肥，定植后要合理浇水，促使植株根系发育，增强抗病力。结瓜后及时追肥，防止早衰。

7. 瓜类疫病的发生危害情况如何？怎样识别瓜类疫病？

瓜类疫病是20世纪90年代后逐渐严重起来的一种侵染性病害，我国各地蔬菜产区均有发生。以黄瓜疫病最为严重，常造成大量死苗。此外，还可危害冬瓜、节瓜。主要造成瓜类花、果、叶部组织的快速坏死和腐烂，是瓜类蔬菜生产的一大障碍。

幼苗、叶、茎及果实均可受害。苗期发病，子叶先出现水渍状暗绿色病斑，逐渐中央部变成红褐色。幼苗茎基部受害后，呈现暗绿色水渍状软腐，直至倒伏枯死。成株期发病，在茎节部出现暗绿色纺锤形水渍状斑点。天气潮湿时，出现暗褐色腐烂，被害处以上的茎蔓及叶片萎垂。叶片受害时，初为暗绿色水渍状斑点，后扩展为圆形或不规则形大病斑，边缘不明显，以后中部为青白色，湿度大时，变软腐水烫状，表面长出灰白色菌丝，干燥时呈浅褐色，易于破碎。病斑发展至叶柄，叶片萎垂。果实受害时，果面形成暗绿色凹陷斑，并快速发展到全果，使之软腐，表面长出灰白色稀疏霉状物。

8. 瓜类疫病是怎样发生的？其侵染循环特点是什么？

瓜类疫病主要是由鞭毛菌亚门疫霉属真菌引起的一类病害。

病菌以卵孢子、厚垣孢子和菌丝体随病残体在土壤和粪肥中越冬，也可以在多年生苗木的病根中越冬，翌年环境适宜时长出孢子囊，经雨水或灌溉溅到近地面的茎叶片上，瓜类被侵染后，病菌在有水条件下，经 4～5 小时可产生大量孢子囊和游动孢子，借风、雨和灌溉水流传播，进行再侵染。由于发病潜育期很短，在 25℃～30℃ 时不足 84 小时，因此雨季早、雨日多、雨量大的年份发病重，特别在大雨或暴雨后，病害易流行。地下水位高、地势低洼、平畦栽培、畦面不平及雨后易积水、浇水次数过多或大水漫灌的地块，发病均重。卵孢子在土壤中可存活 5 年，重茬地和施用未腐熟有机肥的地块易发病。

由此可见，瓜类疫病的侵染循环特点是：该病属于具有多次重复侵染的多循环病害，病菌的越冬场所主要是土壤、肥料及种子，病菌经雨水和灌溉水传播，病菌从寄主表皮直接侵入或经伤口侵入。

9. 瓜类疫病应如何防治？

瓜类疫病的初侵染来源主要是土壤、肥料，其次是种子。潜育期短，流行快，品种间抗病性有差异。因此，对于该病的防治应采以选育和换种抗病品种为前提，狠抓耕作栽培管理。必要时辅以药剂防治。其防治方法如下。

(1)轮作倒茬　结合选择较高地块，与禾本科作物进行 3～4 年轮作。采用高畦深沟种植，种植前清除病残体，翻晒土壤，整平畦面以利于排水；施肥以基肥为主，基肥、追肥相结合，有机肥料需经充分腐熟杀死病菌后施用，防止病菌随肥料进入田块，化肥要注意氮、磷、钾配合，避免偏施氮肥。及时排除瓜田积水，抬高果实部位、控制浇水，要保持田面半干半湿状态，一旦发病，立即停止浇水，并拔除病株，病害停止蔓延后再浇水。

(2)覆草　是预防疫病的有效措施之一。以铺麦秸较好，方法是将麦秸铺在地面一层，方向与瓜秧爬蔓方向垂直。麦秸的作用是隔断病菌与植株的接触，避免了侵染和发病。

(3)选用抗病品种，种子消毒　从无病瓜留种，播前用55℃恒温水浸种15分钟。

10. 瓜类炭疽病的发生情况如何？其症状特点是什么？

瓜类炭疽病是瓜类作物上的一种重要病害，全国各地都有发生。此病主要危害西瓜、甜瓜和黄瓜，也危害冬瓜、苦瓜、葫芦等。南瓜、丝瓜比较抗病。夏季多雨年份在西瓜和甜瓜上常大发生。北方塑料大棚和温室黄瓜，春秋茬受害较重。此病不仅在生长期危害，而且在贮运期间染病瓜可继续蔓延，造成大量腐烂，加剧损失。

炭疽病在瓜类各个生长期都可发生，以生长中、后期发病较重。植株子叶、叶片、叶柄、茎蔓和果实均可被侵染。症状因寄主不同稍有差异。幼苗发病，子叶边缘出现褐色半圆形或圆形、稍凹陷的病斑，茎基部受害，患部缢缩，变色，幼苗猝倒。成株期发病，茎和叶柄上，病斑呈长圆形，稍微凹陷，初呈水渍状、浅黄色，后变成深褐色。病斑环切茎蔓、叶柄一周时，上部即枯死。叶片受害，初出现水浸状小斑点，后扩大成近圆形的病斑、红褐色，外围有1圈黄纹。病斑多时，互相汇合成不规则形的大斑块。干燥的条件下，病斑中部破裂形成穿孔，叶片干枯死亡。后期，病斑出现小黑点，潮湿时长出红色黏质物。茎蔓和叶柄上的病斑梭形或长圆形，灰白色至黄褐色，凹陷或纵裂，有时表面生有粉色小点。茎蔓和叶柄被病斑环蚀后，叶片垂萎，茎蔓枯死。黄瓜嫩果发病较少，种瓜发病较多，病斑初呈浅绿色，后变为黑褐色凹陷斑，病斑中部有黑色小点。潮湿时病斑出现粉红色黏稠物，干燥的条件下，病斑逐渐开裂并露出果肉。病害严重时，全株枯死。

西瓜、甜瓜发病时，植株各部位症状和黄瓜相似，但叶片受害病斑呈黑色，周围有黑色晕圈。茎蔓和叶柄病斑初期黄褐色、水渍状，后期变为黑色。果实发病，病斑呈深褐色至紫色近圆形，明显凹陷并开裂，被覆粉红色黏稠物质。

11. 瓜类炭疽病的发生原因是什么？其病害循环特点是什么？

瓜类炭疽病是真菌性病害，由半知菌亚门刺盘孢属真菌侵染致病。病菌以菌丝体和拟菌核在病残体或土壤里越冬，也可附着在种子表皮黏膜上越冬。此外，病菌还能在温室、大棚内的旧木材上营腐生生活。翌年借种子、灌溉水、风雨、昆虫等传播，分生孢子可直接由表皮或伤口萌发入侵。

炭疽病病菌孢子萌发的适温为22℃～27℃，病菌生长的适温为24℃，30℃以上，发展要求较高的空气相对湿度，当湿度高达87%～95%时，发病迅速，因此在生长季节只要温、湿度条件适宜，重复侵染不断发生，使得病害得以蔓延扩大。一般地势低洼、排水不良、密度过大、氮肥过多、通风不良、灌水过多、连作重茬的情况下发病严重。保护地较露地发病重。

12. 瓜类炭疽病的防治应注意哪些关键环节？

由于炭疽病在田间严重程度取决于品种的抗病性、气候条件及栽培管理情况。因此，瓜类炭疽病的防治应注意以下几个关键环节。

（1）应选用抗病品种，合理品种布局　黄瓜津春、津绿、津优等系列杂交种对炭疽病具有一定的抗病性，可因地制宜选种。一般黄瓜、西瓜、甜瓜品种间，对炭疽病的抗病性差异比较明显，但须注意其抗病性表现有逐年下降的趋势。所以，不断选育新的抗病品种及经常更换、调配栽培品种，对于该病的防治是非常必要的。

(2)加强栽培管理　选择通透性良好的砂壤地和有排水、灌溉条件的地块种植；与非瓜类作物实行 3 年以上轮作；尽量采用高畦覆膜栽培，氮、磷、钾合理配合使用，施足基肥，增加磷钾肥和有机肥，以增强作物抗病性；及时清除病残体，收获后妥善处理秸秆及病残体，以减少病源；西瓜坐瓜后铺草垫瓜，防止与土壤接触传病。塑料大棚、温室栽培黄瓜，上午要尽量闭棚，将温度保持在 30℃～32℃，午后和夜间通风，使空气相对湿度降至 70％以下，或地面铺稻草、麦秸等吸潮气以降低田间湿度。贮运时严格剔除病瓜，贮放场所要适当通风降温。

(3)种子处理　从无病株上选留健康种瓜采种。播种前用 55℃温水浸种 15 分钟，取出后立即至冷水中降温催芽；或用福尔马林 100 倍液浸种 30 分钟，捞出后用清水冲洗干净后催芽。

13. 瓜类白粉病的发生危害情况如何？其典型症状特点是什么？

瓜类白粉病分布广泛，是危害瓜类生产的一种重要病害。一般在植株生长中后期发病较多，严重时造成叶片干枯。全国各地不论是露地还是保护地都可发生。该病可危害黄瓜、西葫芦、南瓜、甜瓜、苦瓜等瓜类作物。黄瓜、西葫芦、南瓜、甜瓜、苦瓜最易感病，其次是冬瓜和西瓜，而丝瓜的抗病性较强。

该病在瓜类苗期至收获期均可发生，主要危害叶片，严重时也可危害叶鞘、茎秆和穗部。一般不危害果实。发病初，叶片正面或反面产生白色小斑点，逐渐扩大，后来连成片，上面布满一层白色的霉。白霉边缘不整齐,后变成灰白色,叶片逐渐变黄,发脆,失去光合功能,干枯而不落叶。发病从下部叶片开始,逐渐向上发展。叶柄和茎蔓上的症状与叶片相似只是病斑较小,白粉较少。到后期病斑上产生很多小黑点。但在我国南方很少见。

14. 怎样防治瓜类白粉病?

防治措施是:①选用抗病品种,一般抗霜霉病的黄瓜品种均较抗白粉病。有利于防治霜霉病的栽培措施也有利于防治黄瓜白粉病;②菜田宜选择通风良好、土质肥沃、排灌通畅的地块;③种植密度要合理,切忌过密;④基肥中要增施磷、钾肥,生长中后期要适当追肥,避免偏施氮肥,既要防止植株徒长,也要防止脱肥早衰;⑤要注意田间排水与通风透光,以降低田间湿度。棚室种植瓜类作物可与矮生蔬菜间作,阴天不浇水,晴天多通风,以降低湿度和保持适宜温度,防止出现闷热的小气候,控制病害发生。发病初期及时摘除病叶,带出棚外。

15. 瓜类病毒病的发生危害情况如何?其症状有何特点?

瓜类病毒病又叫花叶病,在我国各地瓜类产区发生普遍,其中以南瓜、西葫芦发病最严重,丝瓜、黄瓜次之。各种瓜类病毒的症状大同小异。

(1)*黄瓜病毒病* 叶片呈深绿、浅绿的花叶斑驳。严重时叶片皱缩,向背面卷曲,茎和节缩短,不结瓜或瓜畸形。

(2)*西葫芦病毒病* 症状有黄化皱缩型、花叶型和两者的混合型。黄化皱缩型:幼苗、成株均可发病,叶片沿叶脉失绿,出现黄绿斑点,后整叶黄化,皱缩下卷。植株节间缩短、矮化。花冠扭曲,不结瓜，或瓜小畸形。花叶型：自幼苗 4～5 叶时开始发病，新叶出现明脉，呈现深绿色相间的花叶，顶叶有时畸形，呈鸡爪状，色变深，病株矮化，不结瓜或果实畸形。

(3)甜瓜病毒病　叶片呈深绿、浅绿相间的花叶，变小卷缩，茎扭曲萎缩，植株矮化，果变小，上有浅绿色的斑驳。

(4)南瓜病毒病　叶片呈花叶，并出现深绿色疣隆起斑，叶片皱缩、变小、畸形，果实畸形，植株明显矮化。

16. 引起瓜类病毒病的病毒主要有哪些？其传播侵染特点是什么？

瓜类病毒病由多种病毒侵染引起，主要有如下病毒：黄瓜花叶病毒(CMV)。在西葫芦、南瓜上引起黄化皱缩，甜瓜上引起黄化，黄瓜上引起花叶。甜瓜花叶病毒(MMV)。这种病毒不侵染茄科蔬菜，是与黄瓜花叶病毒主要区别点之一。在甜瓜上引起系统花叶，在西葫芦上叶片呈斑驳、畸形，西瓜上引起花叶或叶畸形。还有南瓜花叶病毒(SGMV)，烟草环斑病毒(TRSM)等可参与侵染引起瓜类病毒病。

病毒的侵染主要是由汁液传播的，关键是黄瓜花叶病毒等病毒有十分广泛的病毒宿主。在北方地区，尽管露地作物在严冬无法生存，但很多杂草都是病毒越冬寄主，翌年春季成为初侵染源，蚜虫的迁飞成了主要媒介。另外，对于甜瓜花叶病毒来讲，可通过种子传播，带毒的种子也就成为翌年春季的初侵染原。黄瓜花叶病毒和甜瓜花叶病毒从侵染寄主到寄主显症，中间有一定的潜隐期，在 25℃左右的情况下 7～9 天就可显症，温度低于 18℃的时候，潜隐可延长至 10 天以上，高温、干旱和管理粗放可促进显症和加重病情。

17. 怎样防治瓜类病毒病?

防治瓜类病毒病应注意以下几个环节:

(1)培育无毒苗　无毒苗畦的准备,选用前茬为非蔬菜作物的小面积土地提早保温育苗,是预防病毒病发生与减轻病毒病的一项措施。有条件时最好采用育苗钵,调配营养土进行育苗。

(2)选育和利用抗病品种　无病株上采种或用干热消毒法钝化种子携带的病毒。种子处理可采用70℃干热恒温处理干种子72小时的方法,或用55℃温水浸种40分钟,然后立即转入冷水中冷却催芽的方法,使种子内外的病毒得以钝化,消除初侵染源。

(3)适期早育苗　利用白色网纱与塑料膜结合的方法,不仅可提高地温、保持地温,还可以驱避蚜虫、减除虫传初侵染来源。用塑料膜苗畦育苗,一般可提前10～15天播种,使幼苗提前15～20天出苗。避开蚜虫及高温等发病盛期,可明显减轻病毒病的发生。

(4)早期治蚜　发现早期迁飞的蚜虫,及时驱蚜、避蚜,可采用银灰色地膜覆盖或悬挂银灰色薄膜条驱蚜,尽量将蚜虫消灭在迁飞为害之前。

(5)利用直秧作物间作　瓜类蔬菜一般是爬地式(黄瓜等除外)、可每隔3～4畦间作1畦直秧作物,这样既不明显遮光又可起到生物障的作用。

(6)及时清除杂草　定植前、后及时清除杂草,减少蚜量。

(7)加强管理　合理施肥用水,增强植株抗病力。在打顶摘心等农事操作中,操作前后要用肥皂水洗手,并应按健、病株分开进行,以免汁液接触传播。发现田间病株及时拔除烧毁。

18. 瓜类蔓枯病的发生情况如何？典型症状是什么？

蔓枯病是瓜类蔬菜的一种重要病害，可危害多种瓜类作物，以黄瓜、丝瓜、节瓜、冬瓜、苦瓜受害最重，病害流行时可使瓜田出现大量死藤，减产可达20%～30%。

瓜类蔓枯病主要危害叶和茎，也可危害瓜果等部位。苗期嫩茎受害出现湿润状、不规则形的暗褐色病斑，子叶的病斑圆形或半圆形，严重的可使病苗枯死，病部产生黑色小粒点，这是病菌的分生孢子器或假囊壳。茎蔓是最主要的受害部位，多在基部分枝处或近节部，先出现灰褐色至暗褐色梭形、椭圆形或不定型病斑，逐渐纵向或横向扩展，若病斑绕茎一周，病部以上的茎蔓逐渐萎蔫枯死。病害流行时若不仔细观察，容易误诊为枯萎病，但田间病株往往较分散而不像枯萎病那样常出现连片枯死。病部除长出许多黑色小粒点外，还可见到溢出琥珀色的胶状物，所以有人称之为“茎胶病”，最后受害茎蔓会变红褐色并纵裂干缩。此病只侵染皮层组织而不侵染维管束，纵剖病茎，导管仍为绿色不变褐。叶片染病出现近圆形、暗褐色大病斑，直径可达2.5～3.5厘米，若发生在叶缘，病斑为半圆形或略呈“V”形，叶部病斑上亦长有许多小黑粒点。瓜果染病产生不规则形黑褐色凹陷病斑，病部星状开裂，果肉软化。苦瓜染病多在近顶尖部受害，病部逐渐变红褐色，瓜肉开裂，亦长出小黑粒点，发病较重。

19. 瓜类蔓枯病的发生条件是什么？如何有效防治？

瓜类蔓枯病病菌附着在病株残体、架材上越冬，也可在种子上越冬。病菌通过风雨、田间操作传播。多雨潮湿、土壤黏重，平均气温 18℃～25℃的条件有利于发病。此外，种植过密、浇水过多、通风不良、湿度过大、连作、氮肥过多等情况，发病亦较重。

防治方法以下：①选用抗病品种，生产上一般选用耐热抗病品种。②采用清洁或处理过的种子，从无病田或无病植株上留种。也可用 0.1% 升汞水消毒西瓜种子。具体方法是：先将种子用清水浸泡 3～4 小时，再放入 0.1%升汞溶液中泡 15～20 分钟，处理后用清水冲洗干净。③实行轮作制度。与非瓜类作物进行 2～3 年轮作。④加强管理，选择地势高燥、排水良好的地块，瓜田翻晒土壤，高畦深沟，施足优质有机基肥，整平畦面利于雨后排水降湿。开花结瓜后不可脱肥，适当增施磷、钾肥。⑤清洁田园，销毁病残体。田间发现早期病株应立即拔除带出田外销毁，病穴撒少量石灰消毒。

20. 黄瓜灰霉病是怎样发生的？如何防治？

黄瓜灰霉病是由半知菌亚门灰葡萄孢属真菌引起的，病菌以菌丝或菌核或分生孢子附着在病残体上，或遗留在土壤中越冬，成为翌年的初侵染源。分生孢子在病残体上存活 4～5 个月。病菌靠风雨、气流、灌溉水等农事作业传播蔓延。发病的瓜、叶、花上产生的分生孢子，重复侵染发病，被害的雄花落在叶片、瓜条、茎蔓上也可重复侵染传病。光照不足、高湿（空气相对湿度持续在 90%以上）、较低温（20℃左右）是灰霉病蔓延的重要条件。北方春季连阴天多的年份，气温偏低、棚室内湿度大，病害重。长江流域 3 月中旬以后棚室温度在 10℃～15℃时，加上春季多雨，病害蔓延迅速。气温高于 30℃或低于 4℃，空气相对湿度 90%以下病害停止蔓延。萎蔫的花瓣和较老叶片的尖端坏死部分最容易受侵染。

(1)栽培防病　前茬作物拉秧拔除后，要彻底清洁田园，将病残株、蔓、叶、果轻轻装入塑料袋内，带至棚室外烧掉或深埋。所施有机肥料必须在撒施前2个月洒水拌湿堆积，盖上塑料薄膜充分发酵腐熟。撒施有机肥料作基肥时，应深耕翻地30厘米，以减少初浸染及病原菌基数，在大棚黄瓜定植前10～15天，先于棚内面（包括墙面、地面、立柱表面等）喷洒86.2%氧化亚铜可湿性粉剂1 200倍液后，选择连续5～7天的晴朗天气严闭大棚，高温闷棚，使棚内中午前后的气温高达60℃～70℃，可杀灭病菌，然后通风降温至25℃～30℃时起垄定植。地膜覆盖栽培，要将整个栽培地面全盖地膜。在栽培管理上，要加强增光、通风排湿，防止光照太弱、湿度过大，特别禁忌阴天浇水。

（2）生态防治　大棚内北墙面上张挂镀铝反光幕，增加棚内反射光照；勤擦拭棚膜除尘，保持棚膜采光性能良好；设置二氧化碳发生器，上午通风前释放二氧化碳，补充棚内二氧化碳的不足。在此情况下，可创造高温和相对低湿的生态环境，抑制灰霉菌的滋生和蔓延。具体方法是：晴日上午适时早揭草苫等不透明覆盖物，争取增加光照时间。当上午和中午棚内气温升至35℃～40℃，并持续2个小时后再开天窗通风排湿，当棚内气温降至24℃时，关闭通风口，停止通风排湿。棚内气温降至21℃～20℃时覆盖草苫等保温物，如此使棚内空气相对湿度由上午80%左右降至70%（即使不通风排湿，随着棚温升高，空气相对湿度也降低），下午由70%继续降至65%，夜间由70%升至85%（随着棚温降低，夜间空气相对湿度升高），每天棚内气温高于30℃的时间达2～3小时，可有效地抑制病菌滋生蔓延。

21. 黄瓜菌核病是如何发生的？如何防治？

该病是由核盘菌侵染引起的真菌性病害。主要以菌核在土中或混在种子中越冬。土中或病残体上的菌核，遇有适宜条件萌发，形成子囊盘,放射出子囊孢子,借风雨随种苗或病残体传播蔓延。在田间主要以菌丝通过病、健株或病、健组织的接触进行再侵染,也可由病害流行期间产生的新菌核,萌发产生子囊盘释放子囊孢子或直接发育成菌丝体,进行扩大侵染。温度在 20℃、空气相对湿度在 80%以上有利于菌核病的发生,湿度是子囊孢子萌发和菌丝生长的限制因子,空气相对湿度在 85%以上有利于子囊孢子萌发,也利于菌丝生长发育。因此,低温、高湿极易造成菌核病的发生和流行。

(1)深翻土壤　土壤深翻 15 厘米以上,阻止菌核萌发。

(2)种子处理　播种前在 50℃温水中浸种 10 分钟,立即移入冷水中冷却,晾干后催芽播种,即可杀死混杂在种子中的菌核。

(3)清理田园　及时打掉老叶和摘除留在果实上的残花,发现病株及时拔除或剪去病枝病果,带出棚外集中烧毁或深埋。收获后彻底清除病残体,深翻土壤,防止菌核萌发出土。

(4)茬口轮作　与水生蔬菜、禾本科及葱蒜类蔬菜隔年轮作。

(5)加强管理,合理密植　控制中棚和连栋大棚保护地栽培棚内温湿度,及时通风排湿,尤其要防止夜间棚内湿度迅速升高,这是防治本病的关键措施。注意合理控制浇水量和施肥量,浇水时间放在上午,并及时通风,以降低棚内湿度。特别是在春季寒流侵袭前,要及时加盖小拱棚塑料薄膜,并在棚室四周盖草帘,防止植株受冻。必要时可进行土壤消毒等化学防治方法。

22. 黄瓜灰霉病、菌核病的症状特点是什么?

(1)黄瓜灰霉病症状　主要危害果实。先侵染花,花瓣受害后易枯萎、腐烂,而后病害向幼瓜蔓延,花和幼瓜蒂部初呈水浸状,病部褪色,渐变软,表面生有灰褐色霉层,病瓜腐烂。烂花、烂瓜落在茎叶上,引起茎叶发病。叶部病斑初为水浸状,后呈浅灰褐色,病斑中间有时生出灰色斑，病斑大小不一，大的直径可达 20～26 毫米，边缘明显，有时有明显的轮纹。茎上发病，造成数节腐烂，瓜蔓折断，植株枯死。潮湿时被害部可见到灰褐色霉状物。

(2)黄瓜菌核病症状　叶、果实、茎等部位均可被侵染。叶片染病始于叶缘，初呈水浸状、淡绿色，湿度大时长出少量白霉，病斑呈灰褐色，蔓延速度快，致叶枯死；幼瓜发病先从残花部，成瓜发病也先从瓜尖开始发病，向瓜柄部扩展。病部初呈灰绿色至黄绿色，水浸状软化，随后病部长满白色棉絮状菌丝层，不久在菌丝层里长出菌核，最后瓜落地腐烂。茎染病多在茎基部，初显水渍状病斑，逐渐扩大使病茎变褐软腐，产生白色菌丝和黑色菌核，除在茎表面形成菌核外，剥开茎部，可发现大量菌核，严重时植株枯死。

23. 黄瓜黑星病症状特点是什么？发生传播特点是什么？如何防治？

(1)症状　黄瓜全生育期均可发病。可危害叶片、茎蔓、卷须和瓜条，以幼嫩部分如嫩叶、嫩茎、幼果被害严重。幼苗染病时，真叶较子叶敏感，子叶上产生黄白色近圆形斑，发展后引致全叶干枯。嫩茎染病时初显水渍状暗绿色梭形斑，后变暗色，凹陷龟裂，湿度大时长出灰黑色霉层，即病菌分生孢子梗和分生孢子，卷须染病则变褐腐烂。生长点染病时经 2～3 天烂掉形成秃桩。叶片染病时初为褐绿色(污绿色)近圆形，直径 1～2 毫米的斑点，后逐渐扩大，形成近圆形黄白色大斑病，1～2 天后病斑干枯，穿孔后孔的边缘不整齐，稍皱，开裂呈星状，且具黄晕。叶柄、瓜蔓染病时病部中间凹陷，形成疮痂状，易龟裂，表面常生灰黑色霉层。瓜条被害初期生暗绿色圆形至椭圆形病斑，继而溢出琥珀色胶状物，干结后易脱落，病斑直径 2～4 毫米，中央凹陷，龟裂呈疮痂状，病部组织坏死停止生长，致使瓜条弯曲畸形。空气相对湿度大时，病斑上长出灰黑色霉层。病瓜一般不湿腐。

(2)发生特点　黄瓜黑星病为真菌病害,由半知菌亚门瓜枝孢菌侵染致病。病菌随病株残体在土壤中或保护地支架上越冬,也可附着在种子表皮内越冬。翌年靠种子、风雨、气流、灌溉水、农事操作等传播。该病在9℃～30℃、空气相对湿度93%以上易产生分生孢子,发病的最适温为17℃,空气相对湿度90%以上。华北地区以初夏和秋季发病较重。在保护地中以春末和初秋发病严重。在重茬地、雨水多、浇水过多、通风不良、密度过大、湿度过高时发病严重。此外,黄瓜品种间的抗病性也有差异。

(3)防治方法

①严格检疫　杜绝带病瓜果和种子传入,注意不要从病区引种引苗。一旦发现黑星病株,及时拔除,连同残蔓败叶一起带出棚外烧掉。不使用发现有黑星病的棚室保护地育苗。

②对种子进行消毒处理　可用50℃恒温水浸种15分钟后,再用50%多菌灵可湿性粉剂700倍液浸泡种子1小时;最好用有效成分0.1%多菌灵盐酸盐溶液浸种1小时,再在清水中浸泡3～4小时,然后以清水冲洗后催芽播种。

③轮作或土壤消毒　与非瓜类作物实行3～4年轮作。不能轮作的进行苗床消毒和大棚内硫黄粉熏蒸消毒。方法是在棚室定植瓜苗前10天,每立方米空间用硫磺2～3克和锯末4～5克拌均匀后,分放几处点燃,闭棚熏烟1夜。

④选用抗病品种　选用中农7号、中农11、中农13号、吉杂2号、宁阳大刺、北抗选等抗病品种,其中中农13号为高抗品种。

⑤栽培防治措施　施足基肥,增施磷、钾肥,培育壮苗,增强植株抗病性。起垄定植,覆盖地膜,降低棚内空气和土壤湿度,尤其是定植后至接瓜期要控制浇水,保护地内可通过通风排湿,控制浇水等措施来降低棚内湿度。合理密植,适当去掉老叶。清除棚内病残体,带至棚外深埋或烧毁。

24. 如何将黄瓜细菌性角斑病与霜霉病及黑星病区分开?

(1)细菌性角斑病与霜霉病的识别　潮湿时叶背面病斑上产生白色菌脓,干燥后为白色膜状或粉末状,这与霜霉病叶背病斑上长出的紫黑色霉层不同;叶部病斑后期穿孔,与霜霉病后期不穿孔不同;危害瓜条,腐烂有臭味,霜霉病不危害瓜条。

(2)细菌性角斑病与黑星病的识别　细菌性角斑病在叶片上的病斑呈多角形,受叶脉限制,后期病斑脱落穿孔,黑星病病斑初呈圆形至椭圆形,不受叶脉限制,叶脉也可受害,后期病斑呈星状开裂;细菌性角斑病危害黄瓜后,病部溢出乳白色菌脓,黑星病病部生出琥珀色胶状物;细菌性角斑病病瓜病部湿腐,有白色菌脓,黑星病病瓜病部凹陷,龟裂,不湿腐,潮湿时生灰黑色霉层。

25. 黄瓜角斑病是怎样发生的? 如何防治?

病菌在种子上或随病残体留在土壤中越冬。病菌靠种子远距离传播病害。土壤中的病菌通过灌溉水、风雨、气流、昆虫及农事作业在田间传播蔓延。病菌由气孔、伤口、水孔侵入寄主。发病的适宜温度 18℃～26℃,空气相对湿度为 75%以上,湿度愈大,病害愈重,暴风雨过后病害易流行。地势低洼,排水不良,重茬,氮肥过多,钾肥不足,种植过密的地块,病害均较重。

(1)种子消毒　无病瓜上采种播种前用 55℃温水浸种 15 分钟,捞出后立即投入冷水中浸泡 2～4 小时,再催芽播种。

(2)加强栽培管理　与非瓜类作物轮作 2 年以上;用无病土育苗;保护地加强温、湿度管理,注意通风,降低湿度。每 667 平方米施充分腐熟的优质圈肥 5 000～7 500 千克,磷、钾肥 25～30 千克作基肥，有条件的地方也可施一些鸡粪、大粪干、草木灰等。结瓜期分 3～4 次追施速效氮肥和追施叶面肥。温室大棚栽培黄瓜还要进行二氧化碳施肥，以提高植株抗病能力；栽培方式应采用高畦栽培和地膜覆盖，保护根系；及时绑蔓或吊秧，中耕除草，摘除枯黄病叶和底叶，带出田外或温室大棚外集中处理；适当控制浇水，露地黄瓜应及时中耕，搞好雨后排水，减少田间空气相对湿度。

(3)生态防治　大棚黄瓜围绕以控制温度、降低湿度为中心进行生态防治。要求黄瓜叶面不结露或结露时间缩短。所以，大棚应选无滴膜扣棚。上午日出后拉开草苫，使棚室温度尽快升至 25℃～30℃，最高不超过 33℃，然后，通风降温散湿。使空气相对湿度降至 75%左右。如果早晨棚室温度不很低、空气相对湿度又较大，可先行短时间通风降湿，再封闭棚室升温。下午温度降至 25℃～20℃，空气相对湿度降至 70%左右。傍晚 20℃左右封闭棚室。盖草苫之前根据温度、空气相对湿度情况，亦可再次适当通风散湿。夜间最低温度可降至 15℃～12℃(上半夜 20℃～15℃，下半夜 15℃～12℃)。如夜间棚室外最低气温达 12℃～15℃，可整夜通风，以降低棚室内湿度。如果遇到连阴天气，也要抓住机会，在中午温度稍高时通风。浇水和喷洒农药(喷雾)都应选择晴天上午封闭棚室进行，并使温度尽快升至 35℃～40℃，闷棚 1 小时后缓慢通风散湿，如果达不到这一温度，也要在温度高点时通风散湿，夜间也要适当通风降湿。阴雨天要避免浇水和喷洒药液。低温期浇水应采用膜下浇暗水技术，浇小水，降低湿度，减少棚内结露持续时间，以控制病害。

26. 怎样识别苦瓜白绢病？如何防治？

病部变褐腐烂，茎基部缠绕白色菌索或米粒大茶褐色小菌核，土表也可见大量白色菌索和茶褐色菌核，造成全株枯死。

防治方法:重病地避免连作;及时拔除病株烧毁;用培养好的哈茨木霉 0.4～0.5 千克,加 50 千克细土,混匀后撒在病株基部,控制病害扩展。

27. 黄瓜靶斑病的发生危害情况如何?怎样防治?

黄瓜靶斑病又黄瓜褐斑病,该病近几年来已上升为我国保护地和露地黄瓜生产的一种重要病害,发生普遍。尤以坐瓜期后扩展快,可导致瓜叶坏死脱落。近年来,在我国河南、北京、辽宁、山西等地发生都很严重。

该病主要危害叶片,严重时也危害叶柄和茎蔓。叶染病后。叶片上生黄褐色伴有晕环的芝麻粒大小的水渍状斑点,后扩展成灰白色凹陷斑,严重时 1 片叶上有数十个至数百个病斑,到了病中期病斑扩展成为圆形至不规则形,易穿孔,以后随着病害的发展,多个病斑融合成片,病健分界明显,呈深黄色,后逐渐变为灰褐色,干裂坏死,致叶枯死脱落。出现症状后 10～14 天,落叶率达 5%,经 20 天后落叶率剧增,可达 90%。

28. 黄瓜靶斑病的病原是什么?其传播途径及适宜的发病条件是什么?

黄瓜靶斑病是由半知菌亚门多主棒孢霉引起的。病菌以菌丝体或厚垣孢子随病残体在土壤中越冬,生活力极强,一般在土壤中可存活 2 年。外界条件适宜时,随着于种子表面的病菌及潜伏于种皮内的分生孢子随种子萌发而萌发,形成初侵染源。在田间主要靠风雨传播形成多次再侵染。保护地内高温高湿利于该病菌的繁殖,昼夜温差大,光照不足,叶面结露,叶缘吐水均有利于病害发生。连续降雨可大大加速病害的发生。气温25℃～28℃,相对湿度保护地大发生的主要原因。

29. 如何防治黄瓜靶斑病?

尽快选育抗病品种,可引进荷兰选育的P1系列,如P1-177741抗病较强。提倡与非寄主作物实行3年以上轮作,不要与南瓜邻作。接穗黄瓜种子与砧木南瓜种子在常温下浸种15分钟后,再转入55℃～60℃水中浸种10～15分钟,并不断搅拌,等降至30℃时,继续浸泡3～4小时,捞出后28℃左右催芽。采用生态防治的方法。加强水肥管理,防止脱肥,增强抗病力。冬季低温期在膜下暗流沟内浇水,加强通风以降低湿度。前茬作物收后集中烧毁病残体,做到棚内清洁。注意防治南瓜、小南瓜上的靶斑病以防止传播。

30. 黄瓜"自动闷顶"现象的发生原因是什么?如何防治?

黄瓜生长过程中出现"自动闷顶"现象多数是硼吸收障碍造成的。防治方法有3点:

第一,用氯化苦、溴甲烷等土壤消毒剂进行土壤消毒时,药剂随着土壤水分的气化发生作用,而药剂的完全消失需要相当长一段时间,如果提前使用床土或定植,由于药剂不仅可阻碍土壤中菌体的活动,还可阻碍氨态氮向硝态氮的转化。氨态氮的聚集就会诱发硼的吸收障碍,就会造成黄瓜的"自动闷顶"。针对这种情况,使用土壤消毒剂时,必须放置3～5天,如果是氯化苦至少应放置7～10天以上。

第二,土壤中施用钙镁肥、石灰氮、鸡粪后,石灰氮中的氰氨态氮或鸡粪中的氮在碱性条件下形成双氰氮、胍，被瓜苗吸收后会表现明显的缩叶现象。此外，钙镁肥混合不均匀，或过量，使土壤呈碱性，土壤中的硼难溶，导致硼吸收障碍，也会导致黄瓜“自动闷顶”。出现这种现象时应及时采取补硼措施，用蔗糖 1.25 千克，硼酸 0.125 克，萘乙酸 1.5 克对水 25 升叶面喷洒。

黄瓜的土壤酸性障碍也表现“自动闷顶”现象。受害株嫩叶表现缩叶。严重时，嫩叶中央黄化，黄瓜果实无刺瘤，呈蜡烛状。土壤呈酸性时，硼易因雨水等因素流失，造成缺硼症状。在这种情况下，首先要用石灰或钙镁肥调节 pH 值，此外，用塑料钵育苗时要注意使用排水良好的床土，或在育苗钵底部多开几个孔，不能使苗土过湿，症状轻时，可对主枝摘心，利用侧枝结果。

31. 黄瓜缺钙时表现什么样的症状？如何才能防止或减轻？

钙的吸收功能受阻或钙供应不足时，黄瓜叶缘黄化，叶子形状像倒扣的碗，称为“降落伞叶”。钙随水分由根部吸收进入植株体内，然后随蒸腾流输送到叶部，再由叶基部向叶缘扩展，所以缺钙时首先在叶缘表现症状。钙在酸性土壤中含量少，土壤干燥，很难充分吸收，如果再加上土壤中多钾、多氮、多镁时，钙的吸收就受到了阻碍。此外，连作造成的钙过剩会使土壤碱性化，钙的吸收也会减少，最终造成黄瓜缺钙。有研究表明，出现“降落伞”叶时，如果根系少或发育不良，嫩叶由于蒸腾作用而引起水分供应不足，就会凋萎变黑，出现焦叶。这种现象在降水后转晴时经常发生。温室栽培如果中午发生高温，也常会出现这种情况。防止土壤缺钙主要是要加强土壤管理措施，创造良好的土壤条件，促进根系发育良好。

32. 黄瓜缺镁时表现什么症状？如何防治？

黄瓜缺镁时首先是叶片主脉间叶肉褪绿，变为黄白色。褪绿部分向叶缘发展，直至叶片除叶缘或大叶脉顶端保持一定程度的绿色外，叶脉间均黄白化。后期，叶脉间全部褪色，重者发白，与叶脉的绿色形成鲜明对比，俗称为“白化叶”。病叶早枯对产量影响很大。保护地冬春茬黄瓜进入盛瓜期后易发生。应注意的是：其一，缺镁症状发生在下位的老叶上。生育初期，结瓜前，发生缺绿症，缺镁的可能性不大。其二，缺镁症状与缺钾症状相似，区别在于缺镁是从叶内侧失绿；缺钾是从叶缘开始失绿。其三，生长后期发生缺镁症状时叶片上可出现明显的绿环。

缺镁有2种情况，一种是土壤中缺少镁，还有就是土壤中本不缺镁，而是由于施肥不当引起了镁吸收障碍，造成植株缺镁。钾过量会影响对镁的吸收，磷缺乏也会引起镁的吸收不良。此外，氮肥偏多、钙多也易造成缺镁。因此，防止缺镁主要是注意平衡施肥。要施足充分腐熟的有机肥，适量施用化肥；注意氮、磷、钾肥的合理配用，勿使氮、钾过多，磷不足；钙要适量，过多易诱发绿环叶。特别注意肥料不要一次过量、集中施用。此外，要合理浇水，避免大水漫灌，因为土壤湿度过大易降低根系对镁的吸收，同时镁也易随雨水、灌溉水流失。如果出现缺镁症，可通过叶面喷施0.5%～1%硫酸镁水溶液，或含镁复合微肥来缓解症状。

33. 黄瓜生产过程中锰过剩会出现什么症状？如何防治？

黄瓜生长过程中，急性锰过量会出现褐色叶枯症状，即叶脉变褐，对光看可见坏死部，如果严重时，叶柄上的绒毛都变黑，叶片干枯。如果是慢性锰积累过量,其典型症状是“八角金盘”沿叶脉产生黄色小斑,扩展后为褐色条斑,主脉由叶身基部开始变成褐色,像“八角金盘”。多发生于黄瓜底部叶片,白刺系黄瓜较黑刺系黄瓜易发生。

对于急性锰过量,可用石灰将其充分中和,由于锰在酸性土壤中呈可溶性,中和后锰变为不溶性的,则不会出现植株吸收过量的现象。慢性锰过量可通过选择合适的品种和加强温度管理来减轻其危害,避免低温出现。

一般情况下,采用测土配方施肥;按需要施入锰肥,适当施入钙肥,不要在偏酸性或偏碱性土壤中种黄瓜;选用短日型、耐低温的弱光品种;采用地膜覆盖,提高地温;冬季不宜浇水过多。

34. 保护地黄瓜生产过程中肥料产生的气体会对其造成什么样的危害?

氮肥过多产生氨气毒害时,由于氨的还原作用,黄瓜叶片会出现不规则的褪色,初期像煮过的样子,以后呈褐色。这时附着在棚膜上的水滴呈碱性。亚硝酸造成气害时,起初接近地表的成熟叶像水煮过的样子,以后叶脉间变白,这是由于亚硝酸的氧化作用造成的褪色。此时顶层薄膜的水滴呈酸性,测量其 pH 值在 5.5 以下。

35. 低温对黄瓜生产会造成什么样的危害?如何防止?

黄瓜受低温影响发生寒害或冻害后,先在叶脉间出现黄白色斑,类似于缺镁的症状,冻害加重后扩大连片。或植株发根缓慢,或不发根,或者花芽不分化,整个植株生长瘦弱,甚至叶片枯死至全株枯死。

黄瓜耐寒力比较弱,0℃左右就会受害,低于3℃~5℃生理功能出现障碍,造成伤害。防止黄瓜低温障碍主要是要保证黄瓜生长所需的最低温度。可通过设置反光幕,利用无滴膜,设置“围裙”,外围草苫等措施来加强增温御寒设置。此外,要根据天气预报,可能出现霜冻时,在夜间加温,遇有寒流降温时,临时加温。于后半夜可点燃柴草、秸秆,或在作物行间放上装热水的瓶子,或塑料膜筒装上水,加强南坡面的保温材料。定植前必须进行低温炼苗。

36. 黄瓜畸形果产生的原因是什么?如何防治?

黄瓜生产过程中常会出现弯曲瓜、蜂腰瓜、钩子瓜、大肚瓜、尖嘴瓜、瘦肩瓜、带叶瓜(带卷须瓜)等畸形瓜,究其原因多是在花芽分化时受到生理障碍所引起。黄瓜是雌雄异花,但黄瓜花开始分化时性别还没确定,进入两性期(两性花)后,根据雄、雌蕊的发育决定其雌、雄。此时为单性时期(单性花)。多数情况下,黄瓜为雌雄单性花,但有时有两性花出现,植株出现两性花株。有些两性花在形态上完全类似雌花,而另一些两性花在形态上类似雄花。一般后期出现的两性花结出的果实多为畸形果。

(1)弯曲瓜产生的原因和防治方法

①原因　黄瓜弯曲瓜产生的根本原因在于叶片中的同化产物没能顺利地流入果实。弯曲严重的果实膨大出现障碍,果重与弯曲度呈负相关。结果过多使得叶的同化作用供不上果实的需求,果实间争夺养分。子房小的花养分不足时也易结出弯曲果。结果初期长出的正常果,如果养分不能及时供给,也会出现弯曲果。

②防治方法　栽培上尽量采用半高垄,选用中小叶片黄瓜品种,加大行距,增加透光率,改进通风量。保持土壤中有足够的养

分供给黄瓜植株吸收，补充适量的水分，使植株营养平衡、长势健壮。应注意有的弯曲瓜是黄瓜龙须缠绕，架材或茎蔓阻拦等原因促成的。

(2)蜂腰瓜产生的原因和防治方法

①原因　蜂腰瓜就是瓜的一处或多处出现似蜜蜂腰似的症状。症状较轻时，外部不表现症状，内部开裂而空洞，或不开裂但产生褐变小龟裂，整个果实变脆。发病重的外表能看出蜂腰形。黄瓜蜂腰瓜出现的根本原因是硼吸收受到抑制造成的。高温干旱，植株本身衰弱、营养不良、水分供应不均匀都会助长此症的出现。

②防止方法　增施钙肥和硼肥，注意元素间的平衡。合理浇水、适当调节棚温。

(3)钩子瓜产生的原因和防治方法

①原因　钩子瓜是先弯曲再回勾。像镰刀，称钩。这主要是黄瓜植株的养分都集中到植株的茎叶中，而不供给果实造成的(也有因虫咬伤造成的)。

②防治方法　均衡供给植株养分和水分，使植株长势均衡。

(4)大肚瓜产生的原因和防治方法

①原因　大肚瓜多是由于授粉不完全造成的，一般不经授粉的单性花结出的瓜易形成大肚瓜。植株结果多长势弱、营养不良、干旱时常出现大肚瓜，缺钾、铁、氮等元素，特别是缺钾(瓜类蔬菜喜钾)时大肚果发生较多。在瓜生长膨大过程中前期与后期缺水，而恰恰中期又不缺水，甚至水还足，也易形成大肚瓜。高温、光照不足、密度过大、摘叶过多都能造成大肚瓜。

②防治方法　土壤适量施入钾肥。钾移动性差，故可1/3沟施或埯施，2/3垄施或混入土壤中，也可叶面喷洒含钾的液肥(如磷酸二氢钾)保证植株的水分供应，避免土壤忽干忽湿。

(5)瘦肩瓜(细把果)产生的原因和防治方法

①原因　瘦肩瓜就是果梗特别短，使黄瓜的肩部变得瘦长，像瓶子。在黄瓜栽培管理上，为了抑制瓜秧的无限生长，常常掐尖（也叫摘心）。这种生长状态更易发生。这和上边几种畸形瓜的不同点是：不是营养不够，植株营养不良，而是营养过剩，是营养过分偏向供给了黄瓜果实。

②防治方法　是均衡供给植株养分，基本适量，并合理地疏叶掐尖。

(6)尖嘴瓜产生的原因和防治方法

①原因　尖嘴瓜是黄瓜单性结实情况下，遇连续高温干旱，使得黄瓜植株长势衰弱，营养不良。黄瓜的瓜条从中部至顶端部分膨大、伸长不好，瓜条的长度也小，由此形成了尖嘴瓜。一般追施氮肥后，可逐渐恢复正常瓜形。

②防止方法　关键是要经常根据黄瓜植株和果实的生长发育情况，天气变化情况，合理地平衡施肥，均匀灌水，及时防治各种病虫害，只打底部黄叶、老叶。为增强土壤肥力，最好施足基肥，针对植株的长势，可适量喷洒植物叶肥。发现畸形瓜及早摘除。

37. 黄瓜苦味瓜产生的原因是什么？如何防治？

①原因　有时生产出的瓜苦，是因苦味素（$C_{10}H_{28}O_5$）在黄瓜内积累过多。一般生产中施用氮肥过多，而磷、钾肥不足，出现生长不平衡。此外，地温低于13℃以下，致养分、水分吸收受阻，也会出现苦味瓜。棚温高于30℃以上且持续时间长，致同化能力减弱，消耗过多养分，或营养失调，也会产生苦味瓜，土壤过于干旱，也产生苦味瓜，另外，品种遗传特性所致。

②防止方法　促使植株正常生长发育，避免伤根，影响水分吸收，防止施肥过多。

38. 如何通过黄瓜卷须来判断黄瓜的生长情况?

在黄瓜坐果与果实膨大期,通过观察黄瓜的卷须(龙须)可判断黄瓜是否畸形。卷须粗壮伸展,与茎呈 45°角,这是正常状态,表明植株什么也不缺。卷须呈弧形下垂表示缺水;卷须粗短并且先端圆圈状卷曲,表示营养不良或植株衰老;植株生长点附近的卷须呈章鱼脚状,则是早衰的表现。卷须尖端提前变黄,则是植株抗病力减弱、发病的前兆。

39. 如何通过叶片的长相来判断黄瓜的生长情况?

叶片较大,叶面肿皱,横径大于纵径,叶缘向后弯曲,叶脉粗色浅,是因土壤湿度大,温度低所致;叶片浅绿,叶片薄、叶尖较长,伸展不平,略呈勺状,或叶柄很长、下垂,质地脆嫩,易折断,是因温度高、土壤湿度大所致;叶小、色深绿、生长缓慢,叶尖秃尖或向一边扭曲,茎节短,是因温度低、土干所致;在叶缘周围呈一圈黄绿色,而茎顶端不伸,生长不畅,是因温度高、土壤湿度低所致;上部叶变小、叶缘反卷呈伞状,生长点不舒展,叶色浓绿,是因施肥过多、干旱所致;清晨叶缘似水烫,有多角形或圆形水渍状斑,太阳出来后逐渐消失,是室内温度升高所致。

40. 如何通过生长点的长相来判断黄瓜的生长情况?

生长不舒展,顶梢茎节缩短,雄花雌花开到株顶,顶端花芽封顶，称之“花打顶”，因冬季持续低温所致。此外，施肥过多，土壤干旱，烧根或地温低，土壤湿度大，烂根也会产生“花打顶”现象。轻微“花打顶”，在升温或土壤改善后，易恢复。严重时，较难恢复。一般由低温造成的“花打顶”，在升温的同时，在生长点处叶面喷25 毫克/千克赤霉素，可刺激生长。

41. 如何通过根来判断黄瓜生长情况？

根系不发达，侧根少，根短，根尖变枯黄，地上部茎矮，叶小，生长点不舒展，因土壤施肥过多或供水不足，即烧根现象；根系变褐、腐烂、叶色黄、萎蔫，是因为土壤温度低于 13℃以下，而浇水过多，即沤根现象。

42. 如何通过花的长相来判断黄瓜生长情况？

雌花色浅黄、短小、弯曲、不下垂开放，而是水平或向上开放，是因瓜秧长势弱；正在开放的雌花距生长点太近或太远（正常距应为 40～50 厘米），是瓜秧生长过旺或不良所致。

43. 瓜类蔬菜害虫主要有哪些？

瓜类蔬菜害虫主要有瓜蚜、黄守瓜和黑守瓜、瓜绢螟、瓜蓟马、瓜实蝇、白粉虱和美洲斑潜蝇等。

44. 白粉虱在瓜类蔬菜上发生为害的特点是什么？其生活习性有何特点？

白粉虱俗称小白蛾子，以成若虫群聚吸汁为害，致受害叶片轻则褪绿变黄，重则萎蔫，甚至全株枯死。此外，虫子吸食还可传播病毒病分泌的“蜜露”又污染叶片和果实，诱发煤污病，使蔬菜产量和品质降低乃至丧失商品价值。

白粉虱繁殖能力强，速度快，在北方温室1年发生10余代，成虫羽化后1～3天可交尾产卵，每雌可产卵100余粒。也可孤雌生殖，其后代雄性。成虫有趋嫩性，在植株顶部嫩叶产卵。卵以卵柄从气孔插入叶片组织中，与寄主植物保持水分平衡，极不易脱落。若虫孵化后3天内在叶背作短距离行走，当口器插入叶组织后，失去了爬行的能力。白粉虱繁殖适温为18℃～21℃。春季随秧苗移植或温室通风移入露地。在植株上各虫态形成一定规律。最上部的嫩叶，以成虫和初产的淡黄色卵为最多，稍下部的叶片多为黑色卵，再下部多为初龄若虫，再下为中老龄若虫，最下部则以蛹为多。由于各种虫态自上而下分布，这就给防治带来一定的困难。

45. 怎样防治白粉虱？

在北方，冬季是防治关键。白粉虱不能露地越冬，在温室温度最低时采取合理的防治措施可将其彻底消灭掉。

(1)轮作倒茬　在白粉虱发生猖獗的地区，棚室秋冬茬或棚室周围的露天蔬菜的种类应选择芹菜、茼蒿、菠菜、油菜、蒜苗等白粉虱不喜食而又耐低温的蔬菜，既免受此虫为害，又可有效地防止向棚室蔓延。

(2)根除虫源　育苗或定植时，清除基地内的残株杂草，熏杀或喷杀残余成虫，苗床上或温室大棚通风口设置避虫网，防止外来虫源迁入。

(3)诱杀及驱避　白粉虱发生初期，可在温室内设置30～40厘米见方板，其上涂抹10号机油插于行间高出菜诱杀成虫，当机油不具有黏性时及时擦拭更换。冬、春季，结合置黄板在温室内挂反光幕，既可驱避白粉虱，又可增加菜株上的光照。

(4)生物防治　当温室内白粉虱成虫平均每株有0.5～1头时，释放人工繁殖的丽蚜小蜂，每株释放丽蚜小蜂成虫或黑蛹3～5头，每隔10天左右放1次，共释放3～4次。控制白粉虱效果良好。也可人工释放草蛉，1头草蛉一生平均能捕食白粉虱幼虫172.6头。有条件的地区也可用粉虱座壳孢菌防治白粉虱。

46. 瓜蚜是怎样为害瓜类的？其生活习性有何特点？

瓜蚜又称棉蚜，主要为害黄瓜、南瓜、西葫芦、西瓜等葫芦科蔬菜，也为害豆类、茄子、菠菜、葱、洋葱等蔬菜及棉、烟草、甜菜等。以成虫和若虫在叶背和嫩茎、嫩梢上吸食汁液。瓜苗嫩叶和生长点被害后，叶片卷缩，瓜苗生长缓慢萎蔫，甚至枯死。老叶受害，提前枯落，结瓜期缩短，造成减产。此外，瓜蚜还可传播病毒病，其排出的“蜜露”还可诱发煤烟病，影响光合作用，降低产量和品质。

瓜蚜1年发生20～30代，以卵在花椒、木槿、石榴、木芙蓉、鼠李等枝条和夏枯草的基部越冬。无滞育现象。越冬卵于翌年春季，当5天平均气温达6℃以上时便开始孵化。也能以成蚜和若蚜在温室、大棚中繁殖为害越冬。瓜蚜最适繁殖温度为16℃～22℃。密度大时产生有翅蚜迁飞扩散。高温、高湿和雨水冲刷，不利于瓜蚜生长发育，为害程度也减轻。夏季在25℃以上时，瓜蚜的发育和繁殖受抑制，空气相对湿度超过75%时，对瓜蚜会产生不利的影响。北方瓜蚜在瓜类上为害的主要时期是春末夏初，秋季一般轻于春季，如夏季条件适合也会大发生。

47. 防治瓜蚜应注意哪些关键环节?

防治瓜蚜应注意以下环节:①消灭越冬虫卵。清除菜田周围蚜虫越冬为害对象,如木槿、石榴等上有瓜蚜越冬卵。保护地发现冬季有越冬蚜时,应及时防治。②纱网育苗。③诱杀有翅蚜。可用黄板诱蚜或覆盖银灰色膜避蚜,减轻为害。④适当提早播种。

48. 瓜蓟马的发生及其为害特点是什么?怎样防治?

瓜蓟马主要为害葫芦科蔬菜,以节瓜受害为主,黄瓜、苦瓜、冬瓜、西瓜及茄科蔬菜亦可受害。其为害特点是,成虫若虫以锉吸式口器锉吸瓜类嫩梢、嫩叶、花、幼瓜汁液,使被害植株心叶不能正常展开,嫩芽、嫩叶卷缩,茸毛变黑。被害幼瓜出现畸形,茸毛亦变黑,果实畸形,生长缓慢,易脱落;被害成瓜瓜皮粗糙,或呈锈褐色,茸毛极少。

瓜蓟马经历卵、若虫(预蛹、蛹)、成虫期,1 年可发生 20～21 代,世代重叠。多以成虫在茄科、豆科蔬菜或杂草上越冬,也可在土块缝隙间越冬,翌年春季当气温回升至 12℃时,越冬虫开始活动、取食、繁殖,成虫产卵于寄主生长点、嫩叶、幼瓜和幼苗组织内。一至二龄若虫多在植株间活动,二龄若虫钻入土中化蛹,后羽化为成虫。

防治方法:①清除田间杂草。尤其是野生茄科植物,以消灭越冬虫源,减少蓟马转移到瓜类上的为害。②春瓜适期早播,并尽可能用薄膜小拱棚或营养钵育苗,或地膜覆盖以及选远离虫源的田块种植,以避免或减少其为害。③加强肥水管理,天气干旱时,应进行“跑马水”灌溉。实行配方施肥,使瓜株生长健壮,增强抗病力。

四、茄果类蔬菜病虫害

1. 茄果类蔬菜病虫害主要有哪些？发生情况如何？

茄果类蔬菜：常见主要病害有病毒病、青枯病、枯萎病，番茄晚疫病、褐斑病、叶霉病、斑枯病、脐腐病、早疫病等；茄子褐纹病、绵腐病等；辣椒疫病、炭疽病、疮痂病等。主要害虫有螨类、蓟马、蚜虫、夜蛾、潜叶蝇等。发生情况及重点防治对象如下。

2～5 月份春季和夏初，气温由低转高，湿润天气多，茄果类主要受真菌性病害危害，反映在叶片上出现叶斑或果实引起腐烂。此时期重点防治叶部病害和果实病害兼防病毒病。4～5 月份开始防治螨类为害。

6～9 月份，从夏季到秋初，气温高，青枯病危害最严重，也是螨类盛发期。此时期重点防治青枯病以及螨类、蓟马，并注意控制夜蛾、潜叶蝇的为害。

10 月份至翌年 1 月份，气温干旱季节，蚜虫发生多，也是病毒病流行时间，应重点控制病毒病及蚜虫、螨类为害。

2. 茄果类蔬菜青枯病发生危害情况如何？怎样识别？

茄果类蔬菜青枯病是一种广泛分布于世界各地的细菌性病害，在我国大部分地区都有发生，一般以番茄、马铃薯、茄子、辣椒等茄科蔬菜，芝麻、花生、大豆等经济作物受害较重。

此类病害的典型症状是：病株叶萎垂，后期变褐干枯，剖开茎基部，木质部变褐色，严重时茎基部发展到枝条，茎中髓部溃烂或中空，有时茎表皮溃烂有臭味。

3. 茄果类蔬菜青枯病是如何发生蔓延扩展的？

引起该病的病原细菌主要以病残体在土壤中越冬。病菌从寄主的根部或茎基部的伤口侵入，在维管束的导管内繁殖，并沿导管向上蔓延，以致将导管堵塞或穿过导管侵入邻近的薄壁细胞组织，使其变褐腐烂。在田间可通过土壤、灌溉水、农具、家畜、种植材料等传病。病菌发育适温为 30℃～37℃，高温、高湿有利于该病的发生。

4. 如何在生产上有效地防治茄果类蔬菜青枯病？

(1)轮作　一般发病地实行 3 年轮作，重病地实行 4～5 年轮作较为适宜。与禾本科作物特别是水稻轮作效果最好，也可与瓜类作物进行轮作。

(2)调整土壤酸碱度　可结合整地撒施适量石灰，使土壤呈微碱性，以抑制病菌生长，减少发病。石灰用量根据土壤酸度而定，一般每 100 平方米施 750～1 500 千克。

(3)改进栽培技术　选择高燥无病菌的地块作苗床。要适期播种，培育壮苗。番茄提倡早育苗、早移栽，以避开夏季高温，在发病盛期番茄已经进入结果中后期，可减少发病，或选择早熟品种。番茄幼苗要求节间短而粗的壮苗。幼苗移栽时宜多带土，少伤根。

地势低洼或地下水位高的地方需做高畦深沟，以利于排水。要注意氮、磷、钾肥的合理配合，适当增施氮肥与钾肥。喷洒10毫克/千克硼酸作根外追肥，可促进寄主维管束的生长，提高抗病力。同时，还需注意中耕技术。番茄生长早期中耕可以深些，以后宜浅，至生长旺盛后要停止中耕，以防伤害根系。

(4)选择无病种薯　从无病田选择种薯，在刨切种薯时，发现有维管束变黑褐色的或溢出乳白色脓状黏液的块茎，应剔除。切刀应用20%福尔马林液消毒或用沸水煮过。

(5)生物防治　利用有益微生物来防治，如芽孢杆菌、假单孢杆菌、链霉菌、菌根菌等。

5. 茄果类蔬菜疫病发生危害情况如何？其典型的症状特点是什么？

疫病是由疫霉属真菌引起的一类病害，危害青椒、茄子、黄瓜等多种蔬菜，已成为蔬菜生产上的重要病害之一。茄果类蔬菜疫病在各茄果类蔬菜产区均有发生，主要引起蔬菜的花、果实、叶部组织的快速坏死和腐烂，常被误诊为青枯病。

茄果类蔬菜疫病在苗期至株期均可发生，根、茎、叶、果实都能发病。种子出苗后至真叶出现时，幼苗茎部受侵害引起软腐而猝倒干枯，定植后进入结果期开始发生，病菌从近地面的茎基或枝条分叉处侵入，在根部表现为根腐症状，引起整株枯萎。茎基和枝条受感染后呈暗绿色，逐渐变为褐色，病斑常绕茎基或枝条四周，上部呈青枯状。叶和果发病时初呈暗绿色斑点，病斑进一步扩大，即发生落叶或造成果实软腐脱落。潮湿时以上各患病部位表面出现白色至灰白色稀疏的霉状物，在病果和主茎患部表现尤为明显。

6. 茄果类蔬菜疫病的发生条件是什么？病菌是如何发生扩展的？

疫病菌以卵孢子或厚垣孢子随病株残体在土壤或种子上越冬，是主要的初侵染源。翌年春天条件适宜时，病菌借雨水或灌溉水传播到寄主表面引起发病。以后产生的病菌孢子可借风雨或灌溉水引起再侵染。病菌生长发育适温为22℃～28℃，空气相对湿度高于85%易发病。因此，遇高温多雨天气，在地势低洼，排水不良，种植密度过高的地块病害很容易流行。

7. 茄果类蔬菜疫病防治的主要环节是什么？

选栽早熟避病或抗病耐病品种；实行轮作，与茄科、葫芦科以外的作物进行2～3年的轮作；实行垄作，采取深耕高畦，及时排除积水，做到雨停田干，沟无积水。利用山坡地或幼龄果园套种，能减轻病害发生；合理施肥，采用腐熟有机肥作基肥，适施氮肥，配施磷、钾肥、增施硼肥，促使植株生长稳健，增强抗病力。及时清除病残体，发现中心病株立即拔除销毁，减少初侵染源。

8. 茄果类蔬菜病毒病发生情况如何？有哪些症状特点？

茄果类蔬菜病毒病发生普遍，危害严重，番茄、辣椒（甜椒）、茄子等蔬菜都可受害，发病植株结果小而少，而且多是畸形果。危害严重时，几乎没有产量。

（1）*番茄病毒病*　番茄病毒病常见的花叶病、条纹病和蕨叶病3种，其中花叶病发生最为普遍，条纹病危害最严重。

①花叶病　田间常见症状有2种，一种是在番茄叶片上引起轻微花叶或斑驳；另一种番茄叶片有明显花叶现象，随后新叶变小，叶脉变紫，叶细长狭窄，扭曲变形，茎顶叶片停止生长，植株矮小，下部叶片多卷叶，严重时大量落花落蕾，基部坐果的，多为花脸。

②条纹病　病株上部叶片花脸，植株茎秆中部初生暗绿色下陷短条纹，后变为深褐色下陷的油渍状坏死斑，逐渐蔓延扩大。果面上显黑褐色斑块。有时先从叶片开始发病，叶片上出现茶褐色坏死斑，后顺叶柄蔓延至茎秆，在茎秆上形成条状病斑。

③蕨叶病　植株明显矮缩，中下部叶片向上微卷，严重时卷成管状，上部叶片细小形成蕨叶，部分或全部变成线状。

辣椒(甜椒)病毒病的症状常见的有花叶、黄化、坏死、畸形4类，其中花叶病最普遍，坏死病危害最严重。有时几种症状混合表现，有时可出现单一症状。

茄子病毒病的症状常见的有3种。

(2)茄子病毒病

①花叶坏死型　该症状表现比较多。病叶上呈现明显的浓绿与浅绿或黄绿相间的花叶症状，有的品种在叶上出现褐色坏死斑，自叶片主脉沿茎部产生坏死条斑，引起落叶、落花、落果，甚至整株枯死。

②叶片畸形和丛簇型　起初叶脉褪绿，出现斑驳、花叶，叶片皱缩、凹凸不平，叶片变厚、变小、变窄呈线状。茎节间缩短，有时枝条丛生。严重时植株矮化，叶片畸形丛生，果实上呈现深绿和浅绿相间的花斑，有疣状突起，病果小而硬，畸形，易落花落果。

③黑褐色大型环纹型　叶片逐渐变黄、脱落。新梢有时变黑坏死，病株易落叶、落花、落果。

9. 防治茄果类蔬菜病毒病要抓哪些环节?

①选用抗病品种。②种子处理。种子在播种前先用清水浸泡3～4小时,再放在10%磷酸三钠溶液中浸种20～30分钟,捞出后用清水冲洗干净,催芽播种。③栽培防病。适时播种,在育苗阶段要加强苗期管理,培育壮苗;定植时,可酌情蹲苗5～6天,以促使根系发育。严格挑选无病苗移栽。移苗时用10%磷酸三钠溶液洗手消毒。在移苗、绑蔓、整枝、摘果等农事操作时,都应先处理健株再处理病株,所用器具也应消毒处理,以防操作时接触传染;用高畦栽培,配方施肥,合理用水,提高植株的抗病力。进行深耕轮作。使病毒钝化或没有适宜寄主可侵染。④早期防治蚜虫,可设黄板诱杀。

10. 茄果类蔬菜枯萎病发生情况如何?主要特点是什么?

枯萎病是瓜类和茄果类蔬菜的重要病害,在茄果类、瓜类、豆类蔬菜上发生很普遍。枯萎病是土传病害,主要危害维管束,一般在作物花期或结果期开始发病,症状由下而上逐渐显现,该病传染性强,但病程进展缓慢,一般15～30天整个植株枯死。不同蔬菜上的具体表现症状不同:番茄枯萎病,发病初期仅茎的一侧自下而上出现凹陷区,致一侧叶发黄变褐后枯死,有的半个叶序或半边叶发黄,病株根部变褐,剖开病茎,维管束变褐,湿度大时,病部产生粉红色霉层,即病菌的分生孢子梗和分生孢子,无乳白色黏液流出,有别于青枯病。茄子枯萎病,病株叶片自下而上逐渐变黄枯萎,病状多表现在一、二层分枝上,有时同一叶片仅半边黄,另一半健康如常。甜椒、辣椒枯萎病,植株下部叶片大量脱落,与地面接触的茎基部呈水渍状腐烂，地上茎叶迅速凋萎，有时病部只在茎的一侧发展，形成一纵向条状坏死区，后期全株枯死，剖检病株地下根系呈水渍状软腐，皮层极易脱落，木质部变成暗褐色至煤烟色。在湿度大的条件下，病部常产生白色或蓝绿色霉状物。

11. 茄果类蔬菜枯萎病是怎样发生发展的？

枯萎病是由半知菌亚门尖镰孢属真菌引起，枯萎病菌有不同的专化型，对不同作物的侵染能力不同。枯萎病菌以菌丝体或厚垣孢子随病残体在土壤中或附着在种子上越冬，从幼根、根毛、须根的自然孔口或伤口侵入寄主，进入维管束，堵塞导管并产生出有毒物质，扩散开来导致病株叶片黄枯而死。病菌通过水流或灌溉水传播，也可随病种子和病土、病苗远距离传播。25℃～28℃最适宜于发病。一般酸性土壤，偏施氮肥，肥料不足，土壤过湿，排水不良，连作地，移栽或中耕时伤根多或被线虫取食后，有利于该病的发生。

12. 如何有效地防治茄果类蔬菜枯萎病？

①选用无病种子，进行种子消毒。②选用抗、耐病品种。③合理轮作。与葱蒜类蔬菜轮作 3～4 年以上，可有效减轻枯萎病的发生。④培育壮苗。合理密植，加强田管理提高植株抗病力。⑤采用配方施肥。施用有机肥和生物肥。施用充分腐熟的有机肥，减少化肥的单一集中大量使用，适当增加磷钾肥。⑥清园。蔬菜生长过程中，及时摘除病叶、病果或全株拔除，带到田外深埋或烧掉。前茬作物收获后，彻底清除残枝败叶、根等，减少病原基数，控制初侵染源。⑦高温闷棚。利用夏季土地休闲期间，每 667 平方米施入 50～100 千克石灰，进行深翻灌溉，将土壤调整为碱性，然后将

大棚覆盖后密闭，选择晴天闷晒增温，温度可达 60℃～70℃，连续高温闷棚 5～7 天，同时可有效杀灭土壤中的多种病虫害。⑧生物防治。在蔬菜移栽时穴施木霉菌剂，每株施用木霉菌剂 2 克，通过寄生作用可有效地抑制枯萎性病原菌的活动。

通过嫁接法防治番茄枯萎病、黄萎病、根结线虫病，可大幅度增产。选用影武者、或加油根 3 号、对话、超级良缘、博士 K 等抗枯萎病的品种作砧木。采用劈接法。

13. 茄果类蔬菜炭疽病发生情况如何？有何典型症状特点？

炭疽病是茄果类蔬菜生产中发生较普遍也较严重的病害之一，辣椒、茄子、番茄均可受害。主要危害果实、果梗、叶片等。发病时可减产 20％～50％，严重时可减产 90％，甚至绝收。

该病在叶部可形成近圆形至椭圆形病斑，斑缘深褐色，中部淡灰色，稍凹陷，病斑的外围可出现轮纹，其上着生少量小黑点或小红点。在干燥情况下病斑容易穿孔。果实受害，可形成近圆形至不规则形浸状病斑，褐色，病斑凹陷，有同心轮纹，病斑上密生小黑点或红色小点，病健交界清晰可见。发生严重时，发病处半软腐，最终可使整个果实腐烂。果柄在发病盛期及植株衰老期也可发病，病部产生褐色凹陷斑，边缘颜色深，中间颜色浅，病斑不规则，严重时可导致果柄枯萎。

辣椒炭疽病可由 3 种病原菌引起：其症状基本相似，差别主要是病征。由黑点炭疽病菌引起的辣椒炭疽病病部小黑点细小且颜色浅。由红色炭疽病菌引起的辣椒炭疽病，病部可见红色小点，湿度大时为黏稠状。由黑色炭疽病菌引起的辣椒炭疽病，病部密生色深而较大的黑点，湿度大时斑缘可形成变色圈。

14. 茄果类蔬菜炭疽病是怎样发生的？如何防治？

茄果类蔬菜炭疽病主要是由半知菌亚门刺盘孢真菌侵染所致，病菌常以菌丝体或分生孢子盘附着在病残体上越冬，也可以菌丝潜伏在种子里，或以分生孢子附着在种皮表面越冬，成为翌年初侵染源。越冬后的病原菌在适宜的环境条件下产生大量分生孢子，分生孢子可借雨水或风传播蔓延，也可通过田间农事操作进行传播。分生孢子降落到寄主表面萌发并产生芽管，从植株的伤口、自然孔口侵入，也可直接穿透寄主表皮侵入。寄主发病后从病部产生新的分生孢子可重复侵染。炭疽菌的适宜发病温度为 27℃。较高湿度（空气相对湿度大于 95%）有利于该病发生。

防治方法：

（1）种植抗病品种　选择对炭疽病抗性强的优良品种。

（2）加强种子处理　选择无病种子，并从健康植株上留种。也可将种子用 55℃温水浸泡 30 分钟，再移入冷水中冷却，然后浸种催芽。也可先用清水浸泡半天以上，再用 1%硫酸铜溶液浸种 5 分钟，取出后加适量草木灰或消石灰拌种后播种。

（3）适时轮作　连作的田块炭疽病发生较重。与麦类、玉米等大田作物实行 2～3 年轮作倒茬，避免同种蔬菜长期连作。

（4）加强田间管理　结合深耕，进行秋翻地，秋施腐熟人畜肥、土杂肥，增施磷、钾肥，促使植株生长健壮，提高抗病能力。合理密植，提高通风透光度。开好排水沟，防止积水，降低田间湿度，大棚种植时，保持棚内空气相对湿度低于 70%。采收果实，及时清除田间病株残，集中烧毁或深埋，最好进行一次深中耕，把带菌的表土翻入深层，促使病原菌死亡。

15. 茄果类蔬菜灰霉病的发生危害情况如何？有什么症状特点？

灰霉病是目前危害茄果类蔬菜的一种严重病害，尤其是保护地栽培中危害更是严重。此病发生普遍。不仅在植株生长期间发生严重，而且采后的贮存及运输过程也发生严重。

灰霉病可危害叶片、茎、枝条、花、果实，田间发病首先是靠近地面的衰老叶片、花瓣、果实，然后再侵染其他部位。苗期多危害幼茎及叶片。幼茎被害后病部缢缩变细，幼苗倒折。叶片初为水渍状不规则斑，后湿腐。成株期主要危害花期和未成熟果实。造成落果烂果。一般是残留的花柱或花瓣先受病菌侵染，然后向果面、萼片及果柄扩展，最后果皮呈灰白色、软腐，当空气相对湿度大时，病部长出大量灰绿色霉层。叶片发病一般从叶尖端开始，病斑呈"V"形向内扩展，起初呈水浸状、浅褐色、边缘不规则、具深浅相间轮纹，后在干枯的病斑表面产生灰霉以致叶片枯死。茎部发病初期，表现为水浸状小点，并不断扩展为长椭圆形或长条形病斑，严重时使植株病部以上部分枯死，在空气相对湿度大时，病斑上长出灰色霉层，后期在发病部位产生黑色不规则状菌核。

16. 茄果类蔬菜灰霉病的发病条件是什么？病原菌的传播特点是什么？

灰霉病菌分生孢子萌发温度范围较宽，5℃～30℃均可萌发，最适宜温度为13℃～25℃，偏低温度最为适宜。该病菌孢子萌发对湿度要求较高，空气相对湿度低于95％时不能萌发。当气温达20℃左右，空气相对湿度持续在90％以上时有利于该病的发生流行。因此，在番茄、茄子育苗期及定植后均适合该病菌的生长。密度过大、秧苗或植株生长不良、空气相对湿度过高时容易发生此病。

灰霉病是由半知菌亚门葡萄孢属真菌引起。灰霉病菌主要以分生孢子、菌丝体、菌核在土壤和病残体中越冬，环境条件适宜时，病菌通过气流、雨水及农事操作传播，并从伤口或衰老的器官及枯死的组织侵入体内，由于花朵是重点发病部位而且病部长有大量霉层，所以用激素点花时，可能发生传染，一般在开花结果初期，灰霉病进入发病高峰，在病部产生的霉菌又通过气流进行更大范围的传染。

17. 如何根据发病特点有效地防治茄果类蔬菜灰霉病？

防治茄果类蔬菜灰毒病的措施如下。

(1)培育无病壮苗　苗床土和营养土均应用前 3 年未栽培茄果类、瓜类、莴苣、韭菜等易发生灰霉病的新土，使用的人粪尿等有机肥应充分腐熟，以确保秧苗的健壮生长，培育无病壮苗。定植时要剔除病苗。

(2)彻底清洁田园　发病后，及时清除病果、病叶、病枝，并集中烧毁或深埋，减少田间病原数量。

(3)加强栽培管理　在施足有机肥及磷钾肥的基础上，合理适当稀植。及时整枝搭架、摘叶以及多余的花或花序。无论是苗床地或是定植大棚等，均应注意通风换气，降低空气和土壤湿度。晴天大通风，阴天小通风，雨天和气温低于 13℃(番茄、辣椒)或 15℃(茄子)天气不通风。另外，经常清理膜上灰尘，保证棚室内有充足的光照。采用深沟高畦栽培，严防田间积水。番茄、辣椒尽可能采用防落素喷花，以免因点花而发生病害传播。番茄可在有 2～3 朵花开放时以及有 50%左右花开放时分别喷 1 次，辣椒则可每 2～3

天喷1次。茄子由于使用防落素效果不理想，只能采用点花，并在花朵即将开放时的大花蕾时期点花。

(4)生态防治　即大棚覆盖栽培条件下，利用温湿度来控制病害的蔓延。选晴天上午关闭大棚，当大棚内温度达到33℃时，维持1～2小时，然后通风，当气温在25℃以上时持续通风，使下午温度保持在23℃～25℃，当气温降低至20℃时停止通风，夜温保持在15℃～17℃。

18. 茄果类蔬菜早疫病发生情况如何？其症状特点是什么？

茄果类蔬菜早疫病也称轮纹病，全国各地均有发生。在苗期和成株期均可发生。可危害叶子、茎秆、果实，常引起落叶、落果，尤其大棚、温室中发病严重。其病斑的典型症状是中部具同心轮纹，表面有黑色霉状物。

番茄早疫病主要危害叶、茎和果实。叶片受害，初呈暗褐色小斑点，后扩大成圆形至椭圆形病斑，并有明显的同心轮纹，边缘具黄色或黄绿色晕圈，潮湿时病斑上生有黑色霉层。病害的发生常从植株下部叶片开始，逐渐向上蔓延，严重时病斑相连呈不规则形大斑，病叶干枯脱落。茎部发病多在分枝处发生，病斑黑褐色，椭圆形，稍凹陷。茄子、甜(辣)椒早疫病可侵染叶、茎和果实。主要危害叶片，叶片发病，病斑圆形或近圆形，边缘褐色，中央淡灰色，表面出现同心轮纹。空气相对湿度大时，病斑上生出微细的黑色霉状物。病斑后期中部裂碎，严重时病叶脱落。茎、果梗和果实上也产生类似的症状，病果易腐烂。

19. 茄果类蔬菜早疫病是如何传播扩展的?

病菌以菌丝体或分生孢子随病残体在土壤中或在种皮内外越冬,翌年产生新的分生孢子,借气流、雨水及农事操作传播,从寄主的气孔、皮孔或表皮直接侵入。条件适宜时可产生大量分生孢子,进行再侵染。田间温度高、湿度大有利于侵染发病。气温 15℃、空气相对湿度 80%以上时开始发病,气温 20℃~25℃、多雾阴雨,病情发展迅速,易造成病害流行。

20. 怎样防治茄果类蔬菜早疫病?

防治茄类果蔬菜早疫病的措施如下。

(1)种植抗病品种　可选用荷兰 5 号、强力米寿、茄抗 5 号、矮立元、毛粉 802、西粉 3 号、满丝、密植红、强丰、锡杂 84-4、粤胜、苏抗 5 号等抗早疫或耐早疫病品种。

(2)清洁田园和实行轮作　拉秧后及时清除田间残余植株、落叶落果等,结合翻整地,搞好田园卫生。有条件时应与非茄科蔬菜实行 2 年以上轮作。

(3)种子消毒　用 52℃温水浸种 30 分钟后,移入冷水中冷却。或将种子在清水中浸 4 小时后,移入 0.5%硫酸铜溶液中浸 5 分钟,捞出后清水洗净即可催芽。也可用 100 倍福尔马林溶液浸 15 分钟,用清水洗净药液后催芽。定植时剔除病苗,选无病壮苗定植。

(4)加强栽培管理　低洼地采用高畦种植,降低地下水位。合理密植。保护地栽培,要抓好微生态调控,控温降湿,应控制浇水,及时通风散湿。定植后要控水栽培,开花前浇足 1 次水,促进果实生长。灌水选晴天上午 10 时以后,灌水后及时通风,尤其要避免早晨叶面结露。最好采用膜下灌溉。加强中耕培土,促进植株根系生长。及时摘除下部老病叶并携出棚外深埋,既减少菌源,又有利于通风透光。疏花、疏果等以留3穗果为宜。采用配方施肥技术,施足基肥,生长期及时追肥,后期可追施钾肥。坐果期叶面喷0.1%蔗糖加0.2%磷酸二氢钾再加0.3%尿素,有利于减少叶部病斑。合理密植,雨后及时排水,降低田间湿度,以提高植株抗病性。

21. 茄果类蔬菜黄萎病是怎样发生的？如何防治？

茄果类蔬菜黄萎病以茄子和番茄发生最普遍,是茄子生产的三大重要病害之一。以菌丝体、厚垣孢子和微菌核随病残体在土壤中越冬,可存活6～7年,可随耕作栽培活动及调种传播蔓延。病菌从根部伤口或直接侵入,进入导管内向上扩展至全株,引致系统发病。发病适温为20℃～25℃。温暖高湿有利于该病的发生,连作重茬地发病重。茄子黄萎病又称半边疯、黑心病。茄子苗期即可染病,田间多在坐果后表现症状。茄子受害,一般自下向上发展。初期叶缘及叶脉间出现褪绿斑,病株在晴天中午呈萎蔫状,早晚尚能恢复,经一段时间后不再恢复,叶缘上卷变褐脱落,病株逐渐枯死,叶片大量脱落成光秆。剖开病茎,维管束变褐。有时植株半边发病,呈半边疯或半边黄。此病对茄子生产危害极大,发病严重年份绝收或毁种。

番茄黄萎病主要在番茄生长中后期受害,也是自下向上发展,叶片黄色斑驳首先出现在侧脉之间。病重时不结果,或果实很小。剖开病茎基部,可见导管变褐色。

茄果类蔬菜黄萎病防治:一是选用抗病品种。二是从无病株上留种,选用无病种子或种子处理 。三是栽培措施防治。①轮作倒茬。与非茄科作物实行 5 年轮作，最好不要和茄科作物邻作。选用葱蒜茬和大田茬栽茄子。②科学施肥。每 667 平方米施腐熟有机肥 3～4 吨，磷酸二铵 15～20 千克，尿素 10 千克左右，钾肥 10～15 千克，切忌偏施氮肥，忌施生粪，以免烧根。施入生物菌肥。③合理密植。密植植株封垄早，减轻地裂伤根。茄子栽植密度以 60 厘米×30 厘米为宜。④提高定植质量。茄子定植时要坚持“四不”：在 10 厘米地温稳定在 15℃以上，选择晴暖天气定植，做到定植不过早；用营养钵护根育苗，做到定植不伤根；以早晚栽苗为好。中午烈日下不栽苗，栽苗以埋平土坨为宜。不可过深。栽苗时要覆盖地膜，最好再加扣小拱棚，做到双膜覆盖。⑤注意水肥管理。茄子生长前期地温偏低，尽量少浇水，需要浇水时要选择晴暖天浇水，防止阴冷天气浇水，以免引起黄萎病暴发。高温季节，要小水勤浇，保持地面湿润，使土壤不干不裂，减小地裂伤根，控制发病。在门茄现蕾期，用奇农素 10 克＋赤霉素 0.25 克＋硼肥 100 克＋尿素 50 克加水 15 升，10 天喷 1 次，直到停止开花时止，可使花果成倍增加，增强抗病力。

22. 根结线虫病在茄果类蔬菜上的发生危害情况如何？怎样防治？

茄果类蔬菜根结线虫病主要发生在根部的侧根和须根上，典型症状是病部发生肥肿畸形瘤状，地上植株表现叶片黄化、生育不良、结果少、植株矮小。

(1) 合理轮作　最好是水旱轮作，或与禾本科作物轮作 2～3 年。

(2)深耕　深耕可减少根结线虫危害。根结线虫的虫瘿多分布在表层下 20 厘米的土中，尤其是 3～9 厘米最多。将表土深翻后，不仅可消灭一部分越冬害虫源，而且经耕翻后，土壤疏松，日晒后宜干燥,不利于线虫活动。

(3)及时清除病株残体　用新鲜石灰进行土壤消毒,合理施肥灌水。有条件的地方还可通过种植诱杀植物、生草休闲或漫灌等措施来降低线虫密度。

(4)生物防治　利用紫色拟青霉菌、芽孢杆菌等生物制剂来控制线虫。

23. 番茄煤霉病的发生原因及传播特点是什么?

番茄煤霉病的病原是半知菌亚门煤污尾孢属的一种真菌。该病主要危害叶片,也危害叶柄及茎。叶片背面生淡黄绿色近圆形或不定型斑点,边缘不明显,无黄色晕圈,斑面上生褐色绒毛状霉,即分生孢子梗及分生孢子;霉层扩展迅速,可覆盖整个叶背面。叶正面生淡黄色至黄色斑块,周缘不明显,后期病斑褐色。发病严重时,病叶枯萎,叶柄或茎上也常长出褐色绒毛状霉层。病菌主要以菌丝体及分生孢子随病残体在土面越冬。翌年由越冬病菌产生分生孢子,借气流和雨水传播,再侵染由病部产生分生孢子,借风雨传播。病菌生长适温为27℃左右,最高37℃。高温高湿该病发生严重,夏季气温高于25℃,遇阵雨转晴,气温升高,田间湿度大时,有利于病害流行。

24. 怎样防治番茄煤霉病?

防治番茄煤霉的措施:

(1)因地制宜选种抗病品种

(2)茬口轮作　发病地块实行与非茄科蔬菜2年以上轮作,以减少田间病菌基数。

(3)加强田间管理　提倡深沟高畦栽培，合理密植。开好排水沟系，雨后及时排水，降低地下水位。施足基肥，增施磷、钾肥，促使植株生长健壮，提高植株抗病能力。及时整枝绑架，以利于通风透光降湿。保护地栽培通过控温控湿做好生态防治。

(4)清洁田园　收获后及时清除病残体，带出田外深埋或烧毁，深翻土壤，加速病残体的腐烂分解。

25. 番茄绵腐病是如何发生的？如何防治？

番茄绵腐病由鞭毛菌亚门腐霉属真菌侵染引起，主要危害果实。果实染病生水浸状黄褐色或褐色大斑，致整个果实腐烂，但被害果外表一般不变形，有时果皮破裂。其病果一般不脱落，上密生大量棉絮状白色霉层(别于绵疫病)。苗期感染该病可引起猝倒。

该病发生侵染规律同番茄猝倒病。本病主要发生在雨季，仅个别果实染病或积水处受害重。一般不需要单独防治，可结合防治番茄疫病等进行兼治。

26. 如何识别番茄绵疫病？如何防治？

番茄绵疫病又叫褐色腐败病。由鞭毛菌亚门疫霉属真菌引起。该病主要危害果实，还可危害叶片和花器。初发病时在近果顶或果肩部出现表面光滑的淡褐色斑，有时长有少数白霉，后逐渐形成同心轮纹状斑，变为深褐色，病部果肉也变褐，湿度大时病部长出白色霉状物，病果多保持原状，不软化，易脱落。叶片染病，其上长出水浸状大型褪绿斑，逐渐腐烂，有时可见到同心轮纹。花器染病，病斑为水渍状褐色湿腐，很快发展到嫩茎上，使其腐烂、缢缩，造成病部以上枝叶萎蔫下垂，湿度大时也产生白霉。苗期染病，在嫩茎上初为水渍状小点，后呈水渍状缢缩，致使幼苗猝倒。

潮湿时病部也产生白霉。

防治措施:①选择3年未种过茄科类蔬菜,地势高,排水良好,土质偏沙的地块。②定植前精细整地,沟渠通畅,做到深开沟,高培土、降低土壤含水量;及时整枝打杈,去掉老叶,使株间空气流通。③采用地膜覆盖栽培,避免病原菌通过灌溉水或雨水反溅到植株下部叶片或果实上。④加强田间管理,及时摘除病果,深埋或烧毁。

27. 番茄叶霉病是怎样发生的?如何防治?

该病病原是半知菌亚门枝孢属的黄枝孢菌。病菌主要以菌丝体在病残体内越冬或以分生孢子附着在种子上越冬,借助气流、雨水、灌溉水等农事操作传播,叶面有水即可萌发,长出芽管经气孔侵入。叶霉病病菌生长发育的温度为9℃～34℃,最适温度为20℃～25℃。一般气温22℃左右、空气相对湿度90%以上,有利于病菌侵染和病害发生。空气相对湿度低于80%,影响孢子的形成和萌发,不利于病害发生。高温高湿是叶霉病发生的有利条件。温室、塑料大棚内光照不足、通风不良、定植过密、大水漫灌、湿度过大,常诱发叶霉病发生。尤其在春季番茄种植后期棚室温度升高后遇湿度大时更易大发生。

番茄叶霉病主要危害叶片,茎、花和果实。叶片被害,最初在叶背面出现椭圆或不规则形的淡绿色或浅黄色褪绿斑,后在病斑上长出灰色渐转灰紫色至黑褐色霉层。叶片正面呈淡黄色,边缘不明显,病斑扩大常以叶脉为界呈不规则形大斑。严重时,病叶干枯卷曲而死亡。病株下部叶片先发病,后逐渐向上部叶片蔓延。发病严重时,可引起全株叶片卷曲。嫩茎及果柄上也可产生与上述相似的病斑,并可延及花部,引起花器凋萎或幼果脱落。果实上病斑从蒂部向四周扩展,扩大到果面的1/3左右,病斑呈圆形,后期硬化，稍凹陷，使果不能食用。

防治方法：

(1)实行轮作　与非茄科菜轮作 3 年以上。

(2)选用抗病品种　选用无病、饱满的种子，并进行种子消毒。先在太阳下晒 1～2 天，用 52℃～55℃温水浸种 30 分钟杀死种子表面的病菌，然后晾干即可播种。

(3)棚室消毒　番茄定植前，进行棚室消毒。每 100 平方米用硫黄粉 250 克、锯末 500 克，拌匀分放几处，点火密闭熏蒸 1 夜，间隔 1 天后再栽苗。

(4)实行配方施肥　施肥要少量多次进行，避免偏施氮肥，适当增施磷、钾肥以提高植株抗性。尽量增施生物菌肥，以提高土壤通透性和根系吸肥能力。

(5)加强田间管理　进行高畦地膜覆盖栽培，膜下浇水，不要大水漫灌，棚膜选用流滴性、消雾性能好的 EVA 塑料薄膜，以减轻空间湿度，及时通风排湿，加大通风量及延长通风时间，连阴雨天和发病后控制灌水，保持棚内温度不超过 26℃、湿度不超过 80%。合理密植及时搭架。整枝绑蔓、打杈、吊蔓和摘除下部老叶、病叶，以利于通风透光。

嫁接法防病：采用 LS-89 和 BF 兴津 101 作砧木嫁接苗来防病。

28. 番茄溃疡病的发生原因是什么？该病是如何发展蔓延的？

番茄溃疡病从幼苗期至结果期都可以发生。在幼苗期引起部分叶片萎蔫和茎部溃疡，严重时幼苗枯死。成株期染病，开始下部叶片凋萎下垂，叶片卷缩，似缺水状，植株一侧或部分小叶出现萎蔫，而其余部分生长正常。在病叶叶柄基部下方茎秆上出现褐色条纹,后期条纹开裂形成溃疡斑。纵剖病茎可见茎内部变褐色,后期产生空腔、下陷、开裂。多雨或湿度大时有菌脓从茎部伤口流出,形成白色污状物。花及果柄染病也形成溃疡斑,果实上病斑圆形,外圈白色,中心褐色,粗糙,似鸟眼状,称鸟眼斑。

番茄溃疡病是由细菌引起的维管束病害。病菌可在种子和病残体上越冬,可随病残体在土壤中存活 2～3 年。病菌由伤口侵入。带病种子、种苗以及病果是病害远距离传播的主要途径。田间主要靠雨水、灌溉水、整枝打杈传播。偏碱性的土壤、温暖潮湿、结露时间长、连阴雨尤其是暴雨有利于病害发生。

29. 防治番茄溃疡病应抓哪些关键环节?

主要抓好 6 个环节。

(1)加强检疫　严防病区的种子、种苗或病果传播病害。

(2)种子处理　用 55℃热水浸种 25 分钟。或干种子用 70℃恒温箱中处理 72 小时。或 72%农用链霉素 3 500 倍液浸种 2 小时。

(3)选用抗病品种

(4)建立无病留种田　从无病株上采种。与非茄科作物轮作 3 年以上。

(5)加强田间管理　避免雨水未干时整枝打杈,雨后及时排水,及时清除病株并烧毁,及时除草,避免带露水操作。选用新苗床育苗,同时用 40%甲醛 30 毫升/米^2 处理土壤,盖膜 4～5 天后揭膜,晾 15 天后播种。

30. 茄子褐纹病是怎样发生的?防治该病要抓哪些环节?

茄子褐纹病是茄子上一种常见的病害,在我国分布广泛,南北方都有发生，是北方三大茄病之一。褐纹病从苗期至果实采收期均可发生，常引起死苗、枯枝和果腐，其中果腐导致产量损失最大。病菌主要以菌丝体或分生孢子器在土表病残体上越冬，也可以菌丝体潜伏于种皮内或以分生孢子黏附在种子表面越冬，并可在种子上存活 2 年以上，在土壤中的病残体上甚至可存活 3 年以上。种子带菌是引起幼苗猝倒、立枯的主要原因，同时也是病害远距离传播的媒介。土壤中病残体所带病菌多造成植株的茎部溃疡，而叶和果实发病常是再侵染的结果。果实花萼处最易受害，病菌往往由萼片侵入果实。田间传病主要以分生孢子借风、雨、昆虫和田间操作等传播。当温度为 28℃～30℃，空气相对湿度在 80%以上时易于发病。

茄子褐纹病不仅危害幼苗，还可危害成株和果实。幼苗受害，多在幼苗与土表接触处形成近菱形水渍状病斑，以后病斑逐渐变为褐色或黑褐色，稍凹陷并收缩，条件适宜时病斑迅速扩展，环绕茎部导致幼苗猝倒。成株受害，叶、茎、果实都可发病，叶片发病一般从下部叶片开始，逐渐向上发展，初期形成苍白色水渍状小斑点，逐渐变褐，近圆形，后期病斑扩大呈不规则形，边缘深褐色，中间灰白色，上生有许多小黑点，病斑组织薄而脆，易破裂或脱落形成穿孔。茎部的任何部位都可发病，初期呈褐色水渍状纺锤形病斑，后扩大为边缘暗褐色、中间灰白色的干腐状溃疡斑，上有小黑点，最后皮层脱落，露出木质部，或病斑环茎基 1 周，整株枯死。果实染病，产生褐色圆形凹陷斑，上面轮生许多黑色小粒点，扩大后延及整个果实，最后病果落地软腐。

防治方法：

(1)选用抗病品种　一般来说，长茄类型比圆茄类型较抗病，绿(白)皮茄比紫(黑)皮茄较抗病。

(2)无病株采种或种子处理　先把种子用冷水浸泡 3～4 小时，然后用 52℃温水浸泡 30 分钟，并不断搅拌，捞出放入冷水中降温冷却，浸泡24小时后催芽。

(3)合理种植　重病地应与非茄科蔬菜实行4～5年轮作，种(定)植前每667平方米施3 000～5 000千克腐熟有机肥作基肥。起垄栽培，覆盖地膜，培育壮苗。

(4)加强田间管理　要看天、看地、看植株生长阶段和长势，适期适量浇水，不可大水漫灌，要避免浇水后遇降雨天。雨后要及时排除田间积水，中午热雷雨后，应用井水串浇降温。适量随水追肥，一般是"一清一肥"。适期整枝打老叶、黄叶、病叶，拉秧时及时清除田间残株，运到田外深埋或烧掉。

31. 如何防止茄果类蔬菜育苗中的僵苗?

茄果类蔬菜在育苗过程中，若生长发育受到过分抑制，就会形成茎细、叶小、根少、新根不易发生，定植后生长慢的僵苗，生产上必须加以预防。可采用以下措施防治：①维持较为适宜的土壤湿度。②保持较高的土壤温度。③将大小苗分别管理，为弱小苗提供充足的水分和养分。④尽量使秧苗多照光，促进秧苗的光合作用，保持良好的生长势。⑤若出现大量僵苗，用10～30毫克/千克的赤霉素溶液喷洒秧苗，可明显促其生长。

32. 番茄、甜椒日灼病和脐腐病的发生原因是什么? 如何防治?

番茄日灼病是由强光直接照射所引起的一种生理性病害，一般果皮多表现发白，引起日灼的根本原因是叶片遮荫不好，植株株型不佳。果实受强烈日光照射，导致果皮温度上升而灼伤。土壤缺水，天气过于干热，雨后暴晴，土壤黏重，低洼积水，植株密度过稀、病虫危害等均可引起日灼病。

表现为果实脐部出现水渍状斑，以后变褐色凹陷，病果提前着色，无商品价值。

日灼病防治：选用枝叶生长旺盛的品种，适当密植；采用搭架栽培或合理套作；选择通透性良好的土壤，增施有机肥，合理整枝打杈，防止果实直接暴露在强光下。合理浇水。

脐腐病防治方法主要有：①选用抗病品种。②采取补钙措施，如翻地时每667平方米撒100～150千克石灰。③适量及时浇水，保持土壤水分均衡供应。④合理施肥，不偏施氮肥。⑤番茄开花后用1%过磷酸钙，0.5%氯化钙和5毫克/千克萘乙酸混合液，或0.1%硝酸钙+6 000倍复硝酚钠混合液，每10～15天喷1次，连喷2～4次。

33. 如何识别番茄筋腐病？如何防治？

(1)症状　番茄筋腐病有褐变型与白变型2种。

①褐变型筋腐果　幼果期开始发病，到果实膨大期，果面着色不均进而出现局部褐变，部分果面不光滑，切开果实可看到果皮内的维管束呈黑褐色或茶褐色，横切后可见果内维管束组织呈黑褐色，部分果实维管束变褐，部分自果蒂处向四周或一部分果中辐射。发病轻的果实部分维管束变褐坏死，果实外形没有变化，但维管束褐变部位不转红。发病较重的果实维管束全部呈黑褐色，胎座组织发育不良，部分果实伴有空腔发生。严重时发病部位呈淡褐色，表面硬化凸凹不平，不能食用。症状与番茄晚疫病及部分病毒病果类似，除轻微病果外，均无商品价值。发病植株一般新生叶生长缓慢，新叶变小、发硬或黄化，易患“芽枯”症。部分植株横切果柄处有维管束变褐现象、果梗及分枝与主茎结合处有“肿胀”现象。

②白变型筋腐果　通常在果实绿熟期至转色期发生，表现为

果实着色不均，病部有蜡状光泽，有时病部凹陷干瘪，剖开病果可见果肉呈“糠心”状，果皮及隔壁中筋部分出现白色筋丝，果肉维管束组织呈黑褐色。发病轻的变褐部位不变红，果肉硬化品质差，淡而无味。重的则果肉维管束全部呈黑褐色，果实形成空腔。植株茎叶一般不表现明显症状，严重时可见小叶发紫、中筋凸出，横切植株距根部60厘米处茎部可见茎的输导组织变褐。

(2)诊断要点　应注意和晚疫病、条斑病毒病等病果的区别。晚疫病只危害果表，内部维管束不褐变。病毒病往往有植株的系统病变。筋腐病的发生与环境关系较大，往往在高温、强降雨后几天内大量发生。经调查，该病与缺钙、钾、硼、锌、铁等元素，以及芽枯病、蒂腐病和田间积水严重、排水不畅有一定的关联性。

(3)防治措施

①选用抗病品种　生产上选用根系发达、果实发育速度较慢、植株叶片较稀的中型果品种，如中杂7号、中杂9号 西粉3号、L402等。

②合理轮作，平衡施肥　严禁重茬连作，缓解土壤养分失衡；采取平衡施肥技术，根据番茄对氮、磷、钾、钙、镁等元素的吸收比率，结合当地土壤及生产条件，保证各元素比例协调；增施充分腐熟的有机肥，避免偏施氮肥，增施生物菌肥，改善土壤理化性质；坐果后每10～15天喷1次复合微肥或氨基酸(腐殖酸)复合叶面微肥，并注意补施钾肥和硼、钙、铁等肥料，也可配施复硝芬钠或云大120、BA，提高植株抗逆能力，连喷3～5次。

③科学种植，提高管理水平

第一，要培育适龄壮苗，提高苗子根冠比。

第二，采用宽窄行种植并适当稀植，增加行间透光率，加大行间通风量，改善田间小气候。

第三，科学整枝，适度早打杈。防止损伤大枝，保证大田通风透光。

第四，注意浇水排水，确保坐果期番茄田土壤不过干过湿。注意看天看地适时浇水，雨后防止田间积水，保持良好的土壤通透性。

第五，促使植株稳健生长，确保根冠生长协调，保证根系活力。

第六，科学防治病虫害，注意防治蚜虫、蓟马、白粉虱、叶蝉等传毒介体，控制病毒病的发生，并注意防治其他病害，保证植株健壮生长。

34. 如何防治番茄生理性卷叶?

番茄采收前或采收期，第一果枝叶片稍卷，或全株叶片呈筒状，变脆，使果实直接暴露于阳光下，影响果实膨大，或引致日灼。防治番茄生理性卷叶主要抓以下几个环节：①定植后适当的抗旱锻炼。②采用配方施肥法做到适时适量供肥，确保土壤水分充足。③采用遮阳网覆盖栽培。④及时做好整枝打杈。⑤选用抗性品种。

35. 番茄落花、落果的原因是什么? 如何防治?

在早春或高温季节栽培番茄，常会发生落花、落果现象。尤其是第一、第二穗经常会全部或部分脱落。其原因主要是由于气温过高或过低、光照水分不足、营养不良等环境条件，导致植株花器发育不良不能授粉，或花器虽然发育良好，能够正常授粉，但不能正常受精发育，或植株体内激素含量减少形成离层，最终表现为落花落果。

预防措施如下。

(1)加强栽培管理　育苗期昼温保持25℃左右，夜温15℃左右，防止徒长或僵苗，苗龄冬春季60～70天，夏季30～40天。使用遮阳网覆盖，防止高温危害。早春开花期，用生长素喷花或涂抹，刺激果实发育，防止落花落果

(2)适期定植　以免过早受冻，僵苗不发育，定植时要带土，避免伤根，利于缓苗。

(3)合理施水施肥　氮钾肥配合得当。浇水要小水勤浇，避免大水漫灌或积水。晴天温室内湿度达65%左右、气温达25℃～30℃时，打开通风口放风排湿。夜间室内温度达13℃左右时短时通风，15℃左右时昼夜通风排湿。提高地温，保证土壤养分平衡供给。冬季必要时临时加温，采用烟道、火炉等补充热量。

36. 保护地内番茄受高温危害会出现什么症状？如何避免？

保护地番茄常发生高温危害。叶片受害，初期叶绿素褪色或叶缘呈漂白状，后期变为黄色。轻则仅叶缘呈烧伤状，重则波及半个叶或整个叶片，最终导致永久萎蔫或干枯。

避免番茄高温障碍关键要及时通风，或使用遮阳网遮光，或在薄膜上覆泥，或临时放部分卷帘，以降低叶面温度，必要时可喷水降温。

37. 番茄畸形果、空洞果是怎样造成的？如何防治？

(1)番茄畸形果的形成原因　番茄能否发育正常果，主要取决花芽的正常分化，通常播种后25～30天，有2～3片真叶时，第一花序开始分化，35～40天第二序花开始分化，60天第三序花开始分化，此时幼苗有7～8片叶，植株已现蕾或开花。当幼苗期，1～3

序花形成时，如遇低温、水分、光照充足、氮肥多，造成花芽过度分化，形成复瓣花（畸形花），则果实就呈现桃形、瘤状，指形或多指形。如苗龄长、低温、干旱，幼苗生长受抑，花器木栓化。以后转入适宜条件下，木栓化组织不能适应内部组织迅速生长，而形成裂果、疤果，或籽外露果实。

（2）番茄空洞果的形成原因　空洞果是果皮与果肉胶状物之间空洞的果实。一般在激素处理后，果实发育比正常授粉果发育快，且促进成熟，而胎座多发育不良，使子房产生空洞；光照不足，光合产物少，向果实运送的养分少；白天温度高达35℃且持续时间长，使受精不良或在高温下发育的果实呼吸代谢加快，促果肉组织的细胞分裂和种子成熟快，与果实生长不协调；植株4穗以上的果实或迟开花的果实，营养物质供应不足；需肥多的大果型，生长后期营养跟不上，养分积累少，结果期浇水不当。出现以上几种情况时均可形成空洞果。

（3）防治方法

①选用不易产生畸形果、心室多的品种

②做好光温调控　培育抗逆力强的壮苗。育苗时尽量用电热线来提高地温，苗床要光照充足并适时适量通风，幼苗破心后，宜控制昼温20℃～25℃、夜温13℃～17℃，第一穗花芽分化前后，避免持续10℃以下的低温出现，开花期要避免35℃高温对受精的危害。苗龄60天左右为宜。

③合理使用生长调节剂　幼苗若出现徒长时，应在加强通风控湿的基础上喷施85%比久（B_9）可溶性粉剂2000毫克/千克，以保花芽分化正常。开花期采用振动授粉促使花受精后，再喷施15～20毫克/千克的防落素以促进果实膨大。

④加强肥水管理　采用配方施肥技术，合理分配氮、磷、钾，避免偏施氮肥，使植株营养生长与生殖生长协调发展。

38. 常见的番茄缺素症有哪些？如何防治？

由于施肥、管理等不当，番茄生长过程中常因缺乏某种营养元素出现异常，影响番茄生产，称为缺素症或营养障碍。

(1)缺氮　植株生长缓慢，初期老叶呈黄绿色，后全株黄绿色，花序外露，俗称“露花”。叶脉深紫色。花芽易脱落，果实变小。发现缺氮，及时用尿素、碳铵等速效氮肥或人粪尿开沟埋施，或者用0.2%～0.3%尿素溶液叶面喷施。

(2)缺磷　早期叶背呈紫红色，叶肉组织开始呈斑点状，随后扩展至整个叶片上，叶脉逐渐变为紫红色，最后叶簇也呈紫红色，茎细长且富含纤维。叶片很小，结果延迟。由于缺磷时影响氮素吸收，植株后期呈现卷叶。发现缺磷，可将过磷酸钙与优质有机肥按1∶1的比例混匀后在根部附近开沟追施，也可用0.2%～0.3%磷酸二氢钾溶液或0.5%过磷酸钙浸出液叶面喷施。

(3)缺钾障碍　番茄缺钾时，老叶的小叶呈灼烧状，叶缘卷曲，脉间失绿，有的品种在失绿区出现边缘为褐色的小枯斑，以后老叶脱落，茎木质化，不再增粗。根系发育不良，较细弱，常变成褐色。果实发育明显受阻，果形不正，成熟不一，能着色但不均匀，植株易感灰霉病。防治措施：主要是增施钾肥和有机肥，一般每667平方米可用硫酸钾或氯化钾10～15千克，在植株两侧开沟追施。也可用0.2%～0.3%磷酸二氢钾溶液或1%草木灰浸出液叶面喷施。

(4)缺钙障碍　番茄缺钙时，幼叶顶端发黄，植株瘦弱、萎蔫，顶芽死亡，顶芽周围出现坏死组织，根系不发达，根短，分枝多，褐色。果实易发生脐腐病、心腐病及空洞果。防治措施：在番茄生长期或发现植株缺钙时，用0.3%～0.5%氯化钙或硝酸钙溶液叶面喷施。

(5)缺镁障碍　番茄缺镁时，老叶叶脉组织失绿，并向叶缘发展。轻度缺镁时茎叶生长正常，严重时扩展至小叶脉，仅主茎仍为绿色，最后全株变黄。防治措施：增施含镁肥料，如硫酸镁、氯化镁、硝酸镁、氧化镁、钾镁肥等，这些肥料均溶于水，易被吸收利用。也可在番茄生长期或发现植株缺镁时，用1%～3%硫酸镁或1%硝酸镁溶液叶面喷施。

(6)缺硫障碍　番茄缺硫时，叶片脉间黄化，叶柄和茎变红，节间缩短，叶片变小。植株呈浅绿色或黄绿色。防治措施：增施硫酸铵、过磷酸钙等含硫肥料。在番茄生长期或发现植株缺硫时，用0.01%～0.1%硫酸钾溶液叶面喷施。

(7)缺铁障碍　番茄缺铁时，顶端叶片失绿，从顶叶向下部老叶发展，并有轻度组织坏死。防止措施：在番茄生长期或发现植株缺铁时，用0.5%～1%硫酸亚铁溶液叶面喷施。

(8)缺硼障碍　番茄缺硼时，最显著的症状是小叶失绿呈黄色或橘红色，生长点变黑。严重缺硼时，生长点凋萎死亡，幼叶的小叶叶脉间失绿，有小斑纹，叶片细小，向内卷曲。茎及叶柄脆弱，易使叶片脱落。根生长不良，褐色。果实畸形，果皮有褐色侵蚀斑。防治措施：在番茄苗期、花期、采收期或发现植株缺硼时，用0.05%～0.2%硼砂或硼酸溶液叶面喷施。

(9)缺锰障碍　番茄缺锰时，叶片主脉间叶肉变黄，呈黄斑状，叶脉仍保持绿色，新生小叶呈坏死状。由于叶绿素合成受阻，严重影响植株的生长发育。缺锰严重时，不能开花、结实。防治措施：在番茄生长期或发现植株缺锰，用1%硫酸锰溶液叶面喷施。

(10)缺锌障碍　番茄缺锌时，植株顶部叶片细小，小叶叶脉间轻微失绿，植株矮化。老叶比正常小，不失绿，但有不规则的皱缩褐色斑点，尤以叶柄较明显。叶柄向后弯曲呈一圆圈状，受害叶片迅速坏死，几天内即可完全枯萎脱落。防治措施：在番茄苗期、花期和采收初期或发现植株缺锌时，用0.1%硫酸锌溶液叶面喷施。另据试验报道，番茄施用锌肥，可增产2.7%～24.5%，可食部分含锌量增加0.178毫克/克。

(11)缺钼障碍　番茄缺钼时，老叶先褪绿，叶缘和叶脉间的叶肉呈黄色斑状，叶边向上卷，叶尖萎焦，渐向内移；轻者影响开花结实，重者死亡。防治措施：在番茄生长期或发现植株缺钼时，用0.01%～0.1%钼酸铵溶液叶面喷施。

39. 茄子僵果、畸形花和裂果产生的原因是什么？怎样防治？

(1)僵果产生的原因　茄子果形不正，杇住不长，即为僵果。茄子僵果主要是苗的质量不好，与床土、温度、湿度、光照有关，茄子根系发育慢，吸收范围窄，幼苗期不耐干旱，温度高达30℃时，短柱花增多，是落花发生僵果的原因之一；昼夜温度过高时，同化养分消耗多，使苗质变劣；光照不足，生育缓慢，花形成及开花期推迟，致花的质量下降。如温度高于35℃或低于17℃，茄子受精受阻，花粉发芽缓慢；定植或生长过程中遇上低温，即使花粉落到柱头上，但花粉管伸长不良，即形成僵果。

(2)畸形花产生的原因　是花的发育和形态受环境条件和植物体营养状态影响造成。处于高夜温、弱光之下，碳水化合物生成少而消耗多，氮、磷不足，花芽各器官发育不良，易形成短柱花而形成畸形花，或脱落。

(3)裂果产生的原因　果实形状不正，产生双子果或开裂，一般花萼下端开裂。裂果主要因温度低或氮过多，浇水过多，生长点营养过多，造成花芽分化和发育不充分而形成多心皮的果实，或雄蕊基部分开发育成裂果。

(4)防治方法　育苗期白天保持26℃～30℃，夜温17℃。2叶期后控制在14℃～15℃，地温16℃～17℃，可通过通风换气使棚温不高于30℃；由于茄子喜强光，育苗时使用玻璃或透光充分的塑料薄膜以增加透光度，温度高于40℃影响发芽；采用配方施肥技术，定植后，将10万单位的防落素配成30×10^{-6}的水溶液，对门茄进行喷花。喷施促丰宝活性液肥Ⅱ号600～800倍液。适时适量浇水。

40. 保护地茄子为什么经常会出现着色不良的现象？如何解决？

在保护地内生产茄子，色泽淡紫色或红紫色，严重时呈绿色，而大部分果半边着色不好，影响上市和商品价值。其原因主要受光照影响，若用黑塑料或牛皮纸遮光，果实呈白色。紫茄坐果后遇上连阴天寡日照果实得不到直射光的照射，只能得到散射光，而着色最差。此外，用大棚膜透过的320～370微米波长的紫外线能力有限，或受污染，透过的紫外线更少，也易导致茄子着色不良。防止方法有以下几点：

(1)适当稀植　由于茄子的叶片大、稠密而厚实，对光照的要求比较高。保护地内自然界光照一般只是夏季的50%，温室里的光照只是自然界的50%～70%，而且明显地呈现上强下弱的特点。所以，温室栽培茄子必须适当稀植。

(2)人工整枝　一般采取双干整枝的方法。前期植株小时，可以采用隔行2干，隔行3干，待3干影响到株行间的透光时，再坚决恢复到双干整枝。及时打掉黄化衰老的底部叶片。

(3)加强管理　尽量不用聚氯乙烯棚膜覆盖。定期清洁棚膜，尽量保持较高的透光率。遇阴雪天时，可临时加光照。

41. 什么是甜椒、辣椒的三落现象？如何防治？

三落现象即落花、落果、落叶，在生长中时有发生。由于白天温度高于35℃,或低于23℃,难以授粉,而形成空洞果,坐不住、落花、落果;或开花期湿度偏高,而盛果期又非常干燥,即空气相对湿度偏低,而导致落花、落果。光照不足,影响光合作用,养分积累少,而落花、落果、落叶。此外,通风不良室内二氧化碳气不足,也影响光合作用,致"三落"。缺肥,长势差,或一次性偏施氮肥过多,造成徒长或烧根,或缺素(如缺镁),均可造成"三落"。防止方法有以下几点:

(1)做好光、温调控　棚室栽培的辣椒,遇到高温时,要加大通风,降低温度,严禁超过35℃。地膜覆盖栽培的辣椒,进入高温季节,可进行破膜,防止土温过高。有条件的要用遮阳网覆盖降温。合理密植,以利于通风透光。

(2)合理施肥、浇水　要选择肥水条件好的地块,采用深沟高畦种植。把土壤含水量控制在20%～25%,干热天要小水勤浇,每次浇半沟水,保持地面湿润,降雨后温度骤升,要浇大水降温,以免伤根,引起"三落";大雨过后要及时清沟,排水,防止渍水,保护根系不受水淹;生长前期,要控制氮肥施用量,防止徒长。如基肥足,苗期追肥早,采收期还要及时追肥,这样就可减轻辣椒"三落"病。追肥要以氮肥为主,配合磷、钾肥。一般门椒膨大期追催果肥;第二个果采收后追盛果肥。每次每667平方米追氮肥15千克,磷肥15千克,配合钾肥5千克左右。

(3)中耕培土　结合中耕,进行适当培土,防止倒伏。

(4)施药　可喷0.7%复硝酚钠水剂5 000倍液,或喷壮三秧,每隔7天喷1次,下午喷,连喷2～3次。

42. 田间甜、辣椒在浇水或下雨后为什么死秧率高?如何防治?

(1)原因　一般在地势低洼、地下水位高,湿度大,造成长时间积水，有时暴雨后地面积水，秧苗或植株被淹。因青椒根系浅喜氧，当土层积水或湿度过高时，根系供氧受阻碍，不能正常呼吸，持续时间长时，致植株窒息而死。

（2）防止方法　培育壮苗，增强植株抗逆性。深翻土地，基肥要施足、施匀，不施没有腐熟的有机肥，追肥以少量多次为原则。要浅水灌溉，快灌快排。田间积水不应超过 40 分钟，防止受涝受渍，避免高温时浇水，不要浇入有毒废水。

43. 甜椒畸形果的发生原因是什么？如何防治？

畸形果又称变形果，即果型不正，如果实扭曲、皱缩、僵小果等。横剖可见果实内种子很少或无。有的发育受到严重影响的部位，果皮内侧变褐，失去商品价值。

（1）原因　一是受精不完全，花粉发芽适温为 20℃～30℃，高出这个范围，致花粉发芽率降低，易产生畸形果，当温度低于 13℃时，基本上不能受精，出现单性果实，形成僵果；当出现短柱花时，授粉困难，易落花或形成单性结实的变形果。二是肥水不足，光照不良，果实得到的同化养分少或不均匀，也会产生畸形果。三是青椒果实发育先是纵轴先伸长，然后横向伸长，遇到根系发育不好，地上部和地下部的平衡遭到破坏，易出现顶端变尖的畸形果。

（2）防治方法　适温管理，白天 25℃～30℃，夜间不低于 15℃～18℃，地温 20℃左右。培育质量良好的花，以便能得到良好的授粉受精。加强肥力管理，使同化作用旺盛，增施磷、钾肥，坐果后喷 0.1％磷酸二氢钾，使植株健壮生长。

44. 什么是青椒日灼病和脐腐病？发生原因是什么？如何防治？

(1)日灼病　是强光照射下引起的生理病害，主要发生在果实的向阳面。果实被太阳晒成灰白色或浅白色，呈革质状，病部表面变薄，组织坏死发硬；后期腐生菌侵染，长出黑色霉层而腐烂。主要是果实局部受热，灼伤表皮细胞，一般发生在叶片少的品种，或栽植过稀，遮荫不好；土壤缺水或天气特别干热，雨后暴晒，引起日灼病。防治日灼病，要选叶片较多的品种，或双苗合理密植，用遮阳网。露地可与玉米间作来遮阳。

(2)脐腐病　又称顶腐病或蒂腐病，主要危害果，初呈现暗绿色水渍状斑点，后迅速扩大，直径2～3厘米，有时可扩展达半个果，病部组织皱缩，表面凹陷，常有腐生菌侵染而呈黑色或黑褐色，内部果肉也变黑，仍较硬，如遇细菌侵染，引起软腐。该病在高温干旱下发生，水分供应不足是诱发该病的主要原因，也有认为植株不能从土壤中吸取足够的钙，而导致脐部细胞生理紊乱，失去控水能力而发病，此外，土壤中氮过多，营养生长旺盛，而果实缺钙。防治脐腐病，可在脐腐病发生时喷1%过磷酸钙，或0.1%氯化钙，5～10天喷1次，连喷2～3次，及时防治“三落”现象的发生。

45. 甜椒、辣椒遇烧根和涝害时会出现什么样的症状？

(1)烧根的症状及防治措施　苗期和成株期均可发生烧根现象，根尖变黄，不发新根，前期一般不烂根，地上部生长缓慢，植株矮小、脆硬，为小老苗。有的小苗烧根，至7～8月份，高温季节才表现出来。烧根轻的植株中午萎蔫，早晚能恢复，以后遇上气温高、供水不足时，植株干枯。纵剖茎部未见维管束异常。烧根多数是施用过量未充分腐熟有机肥造成的，尤其是施用未充分腐熟的鸡粪或处在土壤供水不足情况下，甜椒、辣椒很易发生烧根。预防烧根可采取以下措施：①采用配方施肥技术，施用酵素菌沤制的堆肥或充分腐熟的有机肥，可用人粪尿配制，最好不要用鸡粪，必须用时一定要充分腐熟好。配方比例为每生产 1 000 千克甜椒果实，需氮素(N)4.5 千克、磷素(P_2O_5)1.04 千克、钾素(K_2O)5.50 千克，各地可据当地情况加减。②已经发生烧根时，要增加灌水量，降低土壤溶液浓度。③使用地膜覆盖的制种田，应在进入高温季节后逐渐破膜，防止地温过高，必要时应加大通风量或浇水降温。

(2)涝害的症状及防治措施　栽培甜、辣椒时遇到涝害，造成植株萎蔫，轻的中午凋萎，早、晚恢复，严重时全部植株萎蔫枯死。一般在地势低洼、地下水位高，湿度大，造成长时间积水，有时暴雨后地面积水，秧苗或植株被淹。因青椒根系浅喜氧，当土层积水或湿度过高时，根系供氧受阻碍，不能正常呼吸，持续时间长时，致植株窒息而死。防治涝害的措施是：①选用高畦育苗，把甜、辣椒栽培在排水良好或高燥地块。②科学灌水，严禁大水漫灌，雨后及时排水，严防田间积水。③注意整修排灌系统，避免水淹。④排除积水后，土壤耕作层稍干即进行中耕松土，以增加土壤中氧气供给量，促进根系生长正常，必要时加强肥水管理，使之尽快转入正常。

46. 棉铃虫和烟青虫在茄果类蔬菜上是如何为害的？

棉铃虫和烟青虫食性杂，寄主广，均以幼虫蛀食蕾、花、果为主，也可为害嫩茎，叶片和芽、蕾、花受害引起大量落蕾，落花。幼虫钻入果内蛀食，造成腐烂和大量落果，但两者食性有偏嗜性。棉铃虫在蔬菜上为害番茄最重，也可为害甘蓝、茄子、瓜类等，但不在辣椒上产卵，烟青虫可在番茄上产卵，但幼虫极少存活，幼虫主要为害辣椒。

47. 怎样防治烟青虫和棉铃虫?

(1)翻地灭蛹　棉铃虫和烟青虫在土壤中化蛹，并有羽化道通向地表，翻地可破坏其羽化通道，使成虫羽化后不能出土而窒息死亡。

(2)捕杀幼虫　幼虫为害期，傍晚及时下田检查心叶、嫩叶，如发现新鲜虫粪，就捕杀周围幼虫。

(3)诱杀成虫　杨树枝把诱蛾。将半枯萎带叶的杨树枝剪成段，每 20 枝捆成把，基部一端绑上小木棍，插在田间。每 667 平方米 7～10 把，高度略高于作物。每天早晨露水未干时收取成虫消灭。也可用黑光灯诱杀。

(4)除卵　种植玉米诱蛾产卵。在番茄或辣椒地里，种植少量玉米，可诱棉铃虫成虫产卵，然后人工消灭之。也可结合整枝打杈，消灭部分卵粒。

(5)生物防治　注意田间天敌的保护和利用。有条件时可人工繁殖赤眼蜂、草蛉，或助迁瓢虫、蜘蛛等。每 667 平方米可用 10 亿 PIB/克棉铃虫多角体病毒可湿性粉剂 80～150 克，对水喷雾，或用青虫菌粉剂 200～250 克对水喷雾。

48. 怎样识别茶黄螨? 受害蔬菜有哪些不正常表现? 如何防治?

雌成螨长约 0.21 毫米，椭圆形、较宽、淡黄色、表皮薄而透明，因此螨体呈半透明状，体背有 1 条纵向白带。雄成螨体较狭长，近菱形，长约 0.19 毫米，乳白色。卵椭圆形，无色透明，表面具有纵列瘤状突起。幼螨半透明。若螨长椭圆形，为静止状态，外面有幼螨的虫皮。

茶黄螨的食性很杂，在蔬菜作物中，以茄子受害最重，还为害甜椒、辣椒、黄瓜、番茄、豇豆、菜豆、马铃薯等蔬菜。以成螨和幼螨集中在作物幼嫩部刺吸汁液，造成植株畸形和生长缓慢。受害叶片背面呈茶褐色，有油渍光泽或油浸状，使叶片变小、变脆、增厚僵直，叶缘向下卷曲。受害嫩茎、嫩枝变黄褐色，扭曲畸形，严重者植株顶部干枯；受害的蕾不能开花或开畸形花；果实受害，果柄、萼片及果皮变为黄褐色，失去光泽，木栓化；严重的果皮龟裂，种子外露，呈开花馒头状，味苦而涩，失去食用价值。如青椒受害严重者落叶、落花、落果，大幅度减产。受害番茄，叶片变窄，僵硬直立，皱缩或扭曲畸形，最后成秃头。茄子最终导致龟裂呈开花馒头状，味苦而涩，不堪食用。

防治方法：

(1)加强田间管理　培育壮苗壮秧，使用腐熟有机肥，追施氮、磷、钾速效肥，控制浇水量，雨后加强排水、浅锄。盛花盛果前不施过量化肥，尤其是氮肥，避免植株生长过旺。及时整枝，适当增加通风透光量，防止徒长、疯长，有效降低田间空气相对湿度，从生态环境上打破茶黄螨发生的气候条件，减轻为害程度。蔬菜收获后及时清除枯枝落叶、落果，拔除杂草，集中烧毁，同时深翻耕地，消灭虫源。勤检查，发现受害植株及早控制。

(2)选栽抗虫品种　在茶黄螨为害严重的地区，选栽一些抗虫品种。

(3)合理轮作倒茬　茄果类蔬菜与韭菜、生菜、小白菜、油菜、香菜等耐寒叶菜类轮作能减轻为害。

(4)天敌控制　利用人工繁殖的植绥螨向田间释放，可有效控制茶黄螨的为害。应避免使用高效、剧毒等对天敌杀伤力大的农药,以保护天敌,维护生态平衡。

49. 如何识别为害蔬菜的红蜘蛛?其为害特点是什么?防治上应抓哪些重要环节?

为害蔬菜的红蜘蛛主要是棉红蜘蛛,它是一种杂食性害虫,为害113种植物,其中蔬菜占18种,豆类、瓜类、茄果类蔬菜受害较重,葱蒜类蔬菜也可受害。

棉红蜘蛛体型细小,雌虫卵圆形,体长约0.53毫米,宽约0.32毫米。春、夏时期多呈浅黄色或黄绿色,深秋时多变为橙色,体两侧各有1个三裂黑斑。雄虫似菱形,体长约0.37毫米,宽约0.19毫米,体色与雌虫相同。雌、雄成虫均有4对足。卵刚产下时无色透明,球形,直径约0.13毫米,以后变为橙红色。初孵幼虫体透明,取食后变为暗绿色,有3对足。若虫体侧呈现黑斑,有4对足,比成虫稍小。

棉红蜘蛛在寄主植物叶背面取食叶内汁液,茄子和辣椒的叶片受害后,先出现灰白色小点,以后叶正面变为灰白色;果实受害则果皮粗糙,呈灰色,品质变劣。豆类和瓜类蔬菜受害,叶片上出现橘黄色细小斑点,受害严重的叶片常全叶干枯脱落,结果期缩短,产量降低。

(1)清洁田园　田间蔬菜收获完毕后,要及时清除病株残余组织,集中起来进行高温沤肥或烧毁。

(2)消灭杂草　秋末和早春应铲除田边地头杂草,以降低越冬虫口基数,同时也可以使开春后出蛰的越冬成虫找不到早春寄主,不能顺利繁殖后代。

(3)加强水肥管理　蔬菜遭受棉红蜘蛛为害时,如天气干旱,应注意灌溉,增施肥料,促使蔬菜健壮生长,增强抗虫力。

50. 茄子二十八星瓢虫是怎样为害茄果类蔬菜的？如何防治？

茄子二十八星瓢虫主要为害茄子、番茄、马铃薯、辣椒、瓜类等蔬菜，其中茄子受害最重。主要以成虫和幼虫为害寄主，初孵幼虫群居于叶背啃食叶肉，仅留表皮，形成许多平行半透明的细凹纹，稍大后幼虫逐渐分散。成虫和幼虫均可将叶片吃成穿孔，严重时叶片只剩粗大的叶脉，受害叶片干枯、变褐，全株死亡。此外，还可为害嫩茎、花瓣、萼片、果实等。被害植株不仅产量下降，而且果实品质差，茄果瓜条被啃食处常常破裂，组织变僵、粗糙，有苦味，不能食用。

防治时可利用成虫具有假死性，用器皿承接并扣打植株使之坠落收集消灭，中午时间效果较好。根据产卵集中、卵块颜色鲜艳、容易发现的特点，结合农事活动，人工摘除卵块。作物收获后，及时清洁田园，深埋或烧毁残株，并进行耕地，可消灭卵、幼虫和藏于缝隙中的成虫。

五、豆类蔬菜病虫害

1. 豆类蔬菜锈病的典型症状是什么？

锈病是豆类蔬菜的重要病害之一，菜豆、豇豆、蚕豆等锈病的发生很普遍，而且有时危害也很大，对豌豆的危害性相对较小些。豆类锈病主要危害叶片，严重时茎、蔓、叶柄及荚均可受害。发病初期，叶片背面散生黄白色小斑点，后变黄褐色，隆起小疱，扩大后病斑表皮破裂，散出锈褐色粉末（夏孢子）。在叶正面相对应的部分形成褪绿发黄小斑点。末期在叶柄、茎蔓、荚、叶上长出暗褐色，椭圆形凸起病斑，表皮破裂，露出黑褐色粉末（冬孢子），致使叶片早落，结荚少。病重时茎叶枯死。

2. 豆类蔬菜锈病的最适宜发生条件及传播方式是什么？

高温高湿是诱发豆类锈病发生的主要因素，尤其叶面结露或有水滴是病菌孢子萌发和侵入的必要条件。夏孢子形成和侵入的最适温度为16℃～22℃。进入开花结荚期，气温20℃左右，高温，昼夜温差大及结露持续时间长，此病易流行。一般苗期不发病。连作、低洼地、种植过密、保护地通风不良、湿度大，光照弱时发病重。

在北方豆类蔬菜锈菌以冬孢子随病残体在田间越冬，翌年条件适宜时，冬孢子萌发产生菌丝和小孢子，小孢子侵入寄主造成初侵染。在南方夏孢子也可以越冬。在豆类生长期间，该菌主要以夏孢子进行重复侵染危害，田间再侵染主要靠气流传播。

3. 防治豆类锈病要抓哪些环节？

豆类锈病的防治主要抓抗病品种的选育与科学化栽培管理。

(1)选育抗病品种　一般矮生菜豆比蔓生菜豆抗病，蔓生种中“细花”比“中花”和“大花”要抗病。

(2)实行轮作　与瓜类、茄果类、十字花科蔬菜轮作2～3年。

(3)加强栽培管理　适当调整播期，提早播种或晚播种，尽量避开开花至采收盛期的雨季；合理密植，高畦栽培；配方施肥，调整好氮、磷、钾的比例；清除病残体，搞好田园卫生。保护地注意通风降湿。

4. 豆类蔬菜白粉病症状及发生特点是什么？如何防治？

豆类蔬菜白粉病在豌豆、菜豆、豇豆、蚕豆发生较为普遍。主要危害叶、茎蔓和荚，一般从叶片开始。初期，叶面出现白粉状淡黄色小点，逐渐扩大为不规则形粉斑，可相互相连合成大斑，病部表面被白粉覆盖，叶背呈褐色斑块。逐渐波及全叶，使叶片迅速枯黄。茎、荚染病也出现小粉斑，严重时布满茎荚，茎部枯黄、嫩茎干缩。后期病部散生小黑点，但在南方菜区很少见。

在温暖地区，病原真菌在寄主作物间辗转传播危害，无明显越冬期。在寒冷地区，病菌以闭囊壳在遗落土表的病残体上越冬，翌年产生分生孢子借气流和雨水溅射传播。通常昼暖夜凉，多露潮湿的环境，适宜于此病害的发生流行。豆类蔬菜白粉病的防治原则及方法同瓜类蔬菜白粉病。

5. 豆类蔬菜根腐病的症状是什么？如何防治？

豆类根腐病在大豆、豌豆、菜豆、绿豆、红小豆等豆类作物上时有发生。由镰刀菌、丝核菌和腐霉菌等病原菌复合侵染引起，主要危害根或根茎部。病部产生褐色或黑色斑点，逐步扩大后，茎的地下部和主根变成红褐色或黑色，病部稍凹陷，有的开裂达皮层，病株容易拔出，剖开病根或病茎，可见维管束变褐，最后导致整个根系腐烂、坏死，地上部茎叶萎蔫枯死。土壤湿度大时，常在病株茎基部产生粉红色霉状物，即病菌的分生的孢子梗和分生孢子。防治根腐病：一是实行轮作。与白菜、葱蒜类蔬菜或禾本科作物实行2年以上轮作；二是控制播深，一般播深不要超过5厘米；三是种子处理。播前将种子在56℃温水中浸泡5分钟；四是加强田间管理。增施磷肥或有机肥，合理中耕培土，深松土和及时排除田间积水，改善土壤通气条件；五是防治地下害虫。

6. 豆类蔬菜菌核病的症状是什么？如何防治？

豆类蔬菜菌核病是由子囊菌亚门核盘菌属真菌引起的，该病原菌除了可侵染蚕豆、大豆、四季豆、豇豆、扁豆、菜豆、豌豆等豆科蔬菜外，还可侵染十字花科、茄科、伞形科、百合科等32科、160种植物，但不侵染禾本科植物。田间湿度大时，病部长出一层白色棉絮状菌丝体，并可见白色菌丝体和黑色菌核，菌核大小为1.5～6毫米×8毫米，菌核鼠粪状，圆形或不规则形，早期白色，以后外部变为黑色，内部白色。防治方法有以下几点：

(1)选种　选用无病种子，从无病留种株上采收种子。

(2)种子处理　引进的商品种子在播前要做好种子处理，可在播前用盐水选种，清除菌核后用清水冲洗，晾干播种。

(3)高温杀菌　利用保护地的夏季休闲期，中耕后可在保护地内分数次灌水浸泡后覆盖地膜，闭棚升温几日，利用高温杀死表层菌核。

(4)实行轮作　发病地块与水生蔬菜、禾本科作物轮栽或轮作。

(5)清洁田园　发现病株及时拔除，并带出田外集中烧毁或深埋。收获后及时清除病残体，深翻土壤，使菌核埋于3厘米以下的土壤下，加速病残体的腐烂分解，防止菌核萌发出土。

(6)田间栽培管理　高畦种植，合理密植，开好排水沟，注意合理控制浇水和施肥量，增施磷、钾肥，提高植株抗病能力，浇水时间宜在上午，保护地浇水后及时开棚，以降低棚内湿度。

(7)采用地膜覆盖　保护地栽培棚内控制温湿度，及时通风排湿，尤其要防止夜间棚内湿度迅速升高，这是防治菌核病的关键措施。特别是春季寒流侵袭前，要及时加盖小拱棚塑料薄膜，并在棚室四周盖草帘，防止植株受冻。一般白天温度保持在25℃～30℃，夜间不低于15℃。

7. 豆类蔬菜炭疽病的症状是什么？

豆类蔬菜炭疽病以菜豆、豇豆和菜用大豆较易受害，从苗期至收获都可发生，除根以外，地上各部分均可受害。幼苗出土后，子叶上部出现红褐色至黑色的圆形凹陷病斑，茎上病斑为褐色或红锈色，细条形，凹陷和龟裂，严重时幼茎折断死亡。成株期发病，叶片上病斑主要发生于叶脉上，呈多角形，红褐色至黑褐色。叶柄和茎上的病斑与子叶上的病斑相似，荚上病斑呈椭圆形或近圆形，褐色至黑褐色，边缘常隆起，中央部凹陷，以至穿过豆荚而扩展至种子。潮湿时各患部斑面上出现朱红色小点或小黑点。种子上病斑为黑褐色小斑，易腐烂。

8. 豆类蔬菜炭疽病是怎样发生发展的？防治该病应抓哪些重要环节？

炭疽病菌主要在种子内越冬，也可随病株残体在土壤中越冬。带菌种子播种后，引起幼苗发病，病部表面产生分生孢子，借助风雨等传播，从寄主的表皮或伤口侵入，进行再侵染。病菌生长适温为17℃～24℃，温凉高湿利于该病的发生。种植密度过大，地势低，土壤黏重的地块容易发生炭疽病。另外，品种间抗病能力也有明显差别，一般蔓生性品种比矮生性品种抗病。

防治上主要注意选用无病种子。从无病田内采种，或从无病荚上采种。此外，要实行轮作，重病地块进行2～3年轮作。清除病株以减少病源。提倡营养钵育苗，适龄壮苗定植。推广地膜或稻草覆盖栽培，深翻土地，增施磷钾肥，采用起畦种植，雨后及时中耕，施肥后培土，搞好抗旱防涝工作。

9. 豆类蔬菜枯萎病的症状是什么？该病的发生原因及传播特点是什么？

豆类蔬菜枯萎病病株叶片至下而上变黄，枯萎，后期植株萎蔫枯死。剖开病部，可见维管束变褐色，严重时外部也变褐色，腐烂。湿度大时病部产生粉红色霉层。

该病由半知菌亚门镰孢霉侵染引起。镰孢霉主要以菌丝体、分生孢子或厚垣孢子在土壤、病株残体或粪肥上，或以菌丝附着在种子上越冬。病菌生活力强，病残体分解后仍可在土壤中存活3年左右。病菌主要通过伤口或根毛顶端细胞侵入，先在薄壁组织内生长,后进入维管束,随水分的输送,迅速扩展到植株各部位。土壤含水量在65%以下,则该病发病较多。高于70%,则发病较轻。瘠薄缺肥的酸性土壤发病较重,肥沃的中性或微碱性土壤发病较轻。

10. 怎样防治豆类蔬菜枯萎病?

对于枯萎病的防治要实行轮作,特别是水旱轮作,不仅能减少病菌的积累,而且能调节土壤结构,增强土壤肥力,有利于作物生长发育。此外要加强田间管理,注意灌溉和排水,保持土壤适宜湿度,防止土壤过干或过湿,一定要开好田间排灌水沟,做到排灌通畅,灌水技术上做到速灌速排,切忌细水长流。施足基肥,适时追施化肥,一般每667平方米需施用复合肥25千克,磷肥30千克,钾肥3千克左右,酸性土壤每667平方米加施100千克石灰,用于改土。在幼苗期和结荚初期各喷1次喷施宝,每667平方米5毫升对水60公斤。促进植株稳健生长,提高抗病性。收获后,及时清除病株残体并集中销毁。

11. 豆类蔬菜病毒病的症状是什么?其发生原因和适宜发病的条件是什么?

不同的豆类蔬菜感染不同的病毒其症状表现不同。常见的豆类花叶病,叶片表现明脉、浓绿与淡绿相间的斑驳花叶、叶片畸形皱缩、叶片变小,植株稍矮。豇豆丛枝病,除叶片变小,叶面皱缩、卷曲外,其最大特点是叶腋簇生多条不定枝而表现为丛枝状,豆荚短而卷曲,尾端尖细如鼠尾状。有些豆类病毒病还会表现植株或生长点枯死或个别叶鞘坏死的现象。但豆类病毒病也有其共同的症状特点:病株矮小,开花迟缓或易落花,或不开花结荚,荚果少而小，畸形或变色。

豆类蔬菜病毒病由菜豆普通花叶病毒(BMV)、菜豆黄色花叶病毒(BYMV)、黄瓜花叶病毒(CMV)单独或混合侵染引起。

病毒可随病株残体在土壤中、种子上、田间越冬的宿根植物上越冬。翌年在田间主要通过桃蚜、豆蚜等多种蚜虫及甲虫等昆虫进行传毒，此外农具操作、田间管理等也是重要传毒途径。在高温、干旱、重茬地、田间管理条件差的情况下发病严重。凡有利于蚜虫发生的条件均有利于该病的发生。

12. 如何防治豆类蔬菜病毒病?

防治豆类蔬菜病毒病主要采取的措施是：

(1)选用抗(耐)病品种　豆类蔬菜，尤其是豇豆在北方地区用来作为耐热蔬菜种植。高温和病毒显症是一致的，所以抗病、耐病品种的选择，就显得非常重要。

(2)建立无病留种田　从无病田或无病株上采集种子。

(3)种子处理　用10%磷酸三钠水溶液浸种20分钟，清水充分漂洗后播种，或用50℃～52℃温水浸种10分钟后播种。

(4)适期早播　有条件的情况下配合早期地膜覆盖技术，适期早播，以避开蚜虫发生的高峰期。

(5)防治蚜虫　采取驱蚜、避蚜等措施，防治蚜虫，以减少病毒的传播。

(6)加强栽培管理　增施基肥，防止干旱或积水，增强植株抗性。清除田间杂草，早期拔除中心病株并带出田外销毁。

13. 菜豆灰霉病的症状是什么? 如何防治?

菜豆灰霉病自幼苗期至成株期均可发生，主要危害花期和结荚期，茎、叶、花及荚均可染病。苗期子叶受害，呈水浸状变软下垂，后叶缘长出白色霉层。叶片染病，形成较大轮纹斑，后期易破裂。花荚期感病，先侵染败落花，后扩展到果，病斑初期淡褐色，然后变软腐，表面着生灰色霉层。烂花、烂果接触到茎蔓，使茎蔓发病，严重时腐烂、折断。该病在高湿和温度在 20℃左右的条件下，病害易于流行，造成严重危害。

该病的防治主要抓以下几个环节。

(1)选用抗病品种　选用抗病品种是防治该病最经济最有效的方法。

(2)清园　作物生长期，将病叶、病果、病秧及时摘除，并及时清理落在地面的叶片，拿出田间和棚外烧毁或深埋，防止交叉感染。

(3)播种或定植前高温闷棚　可在茬口安排前，耕翻土壤，使棚室内保持 35℃～40℃高温 3～5 天，杀灭棚室内及土壤间部分病菌。蔬菜生长期间可通过适当延长通风时间，提高夜间棚室温度的方法来控制棚内生态条件。可选晴天上午闭棚增温，气温达到 33℃后，维持较短的时间通风，气温 25℃以上时持续通风，使下午温度保持在 23℃～25℃，棚温降至 20℃左右时停止通风。夜温保持在 15℃～17℃。

(4)地膜覆盖　推广采用高畦大垄双行地膜覆盖栽培，有条件的尽量采用膜下暗灌或软管微喷灌技术，避免田间大水漫灌，严格控制棚内湿度，提高棚内夜间温度，防止结露。

(5)加强田间管理　合理密植，防止田间郁闭，影响通风透光，及时清洁棚膜，摘除底部老叶、黄叶，拿到田外和棚外烧毁或深埋。株秧长到顶部时及时落秧，保持秧高距棚顶距离为 1 米；并且在落叶时将底部叶片全部摘除，及时除去败落叶花。在花荚期，每天要逐垄左右摇动行间吊蔓用的吊绳或南北向的拉丝，将败落花摇落，露出花荚，并及时清除落在叶片上的花瓣，以减少花荚期染病。

14. 菜豆细菌性疫病的典型症状是什么?

菜豆细菌性疫病也叫菜豆火烧病、叶烧病,是菜豆上的一种常见病害。除危害菜豆外,还危害豇豆、扁豆等豆科作物。菜豆的地上部分均可发病,以叶部发生较多,病叶初期暗绿色水渍状,后逐渐扩大为不规则形褐色病斑,边缘有黄色晕圈,病部变薄近透明。严重时病斑连片,最后叶片变黑干枯,似火烧状样,故名火烧病,但一般不脱落。子叶染病,呈红褐色溃疡状,或在着生小叶的节上及叶柄基部产生水渍状斑,扩大后为红褐色,严重时,幼苗折断干枯。茎蔓发病,呈红褐色溃疡条斑,稍凹陷,常环切茎部,致其上部茎叶萎蔫后枯死。豆荚受害,病斑红褐色,圆形或不规则形,中央部分凹陷,严重时豆荚皱缩。种子感病,出现黑褐色凹陷病斑,种皮皱缩。潮湿条件下,茎、叶、荚的病部及种脐部均可溢出黄色的脓状物。

15. 菜豆细菌性疫病的发生条件及传播方式是什么?

当寄主受害部位有水滴的情况下,菜豆细菌性疫病在 24℃～32 ℃ 的条件下均可发病。在高温条件下,潜育期一般 2～5 天。因此,在高温高湿、雾大露水重或暴风雨后转晴的天气,该病最易发生。此外,栽培管理不当、虫害严重、肥料缺乏、杂草丛生均会加重发病。

病原主要是在种子内或粘黏在种皮上越冬。病菌在种子内可存活 2～3 年。带菌种子发芽后,病原菌危害子叶及生长点,并产生菌脓,经风雨及昆虫传播,从植株的水孔、气孔及伤口等处侵入,引起茎叶发病。

16. 怎样才能有效防治菜豆细菌性疫病?

(1)选用无病种子　从无病区引种,或从健康植株上采种。播种前用 45℃温水浸种 15 分钟进行种子消毒。

(2)选用抗病品种　一般蔓生品种较矮生品种抗病性强。

(3)实行轮作　最好与白菜、菠菜、葱蒜类作物轮作 3 年以上。

(4)加强栽培管理　采取高垄地膜栽培,提高早春地温,增加土壤通透性,定植至结荚前,以保根壮秧为主,增加植株的抗病力。及时搭架、中耕、除草、培土。雨后注意排水,保持良好的通风透光。发病初期应注意摘除病叶,以减少病菌。

(5)科学施肥灌水　配方施肥保证植株健壮生长,提高抗病能力,深翻土地施足基肥。每 667 平方米施腐熟优质农家肥 3 000～5 000 千克,磷酸二铵 50 千克,将其深翻入土,作基肥。菜豆苗期施少量速效性氮肥,每 667 平方米施入尿素 5 千克,嫩荚坐住后第二次追肥,每 667 平方米施过磷酸钙和硫酸钾各 10 千克,或腐熟人粪尿 1 500 千克,以后每采收 1～2 次,追肥 1 次。浇水的原则是苗期要少,抽蔓期要控,结荚期要促,防止茎蔓徒长引起落花落荚。菜豆定苗后至开花结荚前,以蹲苗、中耕、保墒为主。定苗后,可浇 1 次定苗水。此时注意控水,使土壤湿度达 60%～70%,空气相对湿度达 60%～75%。当蔓生菜豆甩蔓时,要结束蹲苗,可结合插架浇水,做好保墒、中耕、培土。当坐住的豆荚 3～ 4 厘米时,根据天气状况 1 周浇水 1 次;以充分供应菜豆开花结荚的水分和养分。灌水时间,早期上午浇水,防止灌水降温,夏季要勤灌、小灌、早晚灌,以降低温度。

17. 豇豆疫病的发病原因及症状特点是什么？

豇豆疫病属真菌性病害。由豇豆疫霉菌侵染所致。病菌以卵孢子、厚垣孢子随病残体在土中或种子上越冬，借风雨、流水等传播。温度在25℃～28℃，若天气多雨或田间湿度大时，会导致病害的严重发生。该病主要危害茎蔓、叶和豆荚。茎蔓发病，多发生在节部，尤其是近地面处居多，初呈水渍状，无明显边缘，病斑扩展绕茎1周后，病部缢缩，表皮变褐色，病茎以上叶片迅速萎蔫死亡，湿度大时，病部皮层腐烂，表面产生白霉。叶片发病，初生暗绿色水渍状圆形病斑，边缘不明显，天气潮湿时，病斑迅速扩大，可蔓延至整个叶片，表面着生稀疏的白色霉状物，引起腐烂。天气干燥时，病斑变淡褐色，叶片干枯。豆荚发病，初期产生暗绿色水渍状病斑，边缘不明显，后期病部腐烂，表面产生白霉。

18. 如何防止豇豆疫病？

预防豇豆疫病，一是与非豆科作物实行3年以上轮作。选用抗病品种，种子进行消毒处理。二是采用深沟高畦、地膜覆盖种植。避免种植过密，保证株间通风透光良好，降低地面湿度。雨前停止浇水，雨后及时排除积水。三是清洁田园，收获后将病株残体集中深埋或烧毁。

19. 豇豆煤霉病的典型症状及发病原因是什么？

豇豆煤霉病又叫叶霉病，主要危害叶片，茎蔓和豆荚也可受害。嫩叶不易发病，田间病害自下向上扩展蔓延。叶片发病初期为不明显的近圆形黄绿色斑，随后黄绿色斑变为在叶片两面可见的赤色或紫褐色小点，后发展扩大呈圆形或多角形淡褐色或褐色病斑，病斑直径 0.5～2 厘米，且病健部界限不明显。湿度大时，病斑背面生出灰黑色霉菌，即病菌的分生孢子梗和分生孢子，严重时导致早期落叶或茎蔓上残留数片嫩叶，病叶变小，病株结荚少。茎蔓或嫩荚染病，症状与叶片相似。

20. 豇豆煤霉病是什么传播的？怎样防治？

豇豆煤霉病由豆类煤污尾孢菌侵染引起。病菌主要以菌丝体随病残体在土中越冬。在豇豆周年生长的南部温暖地区，病菌可辗转危害，无明显越冬现象。分生孢子从气孔侵入，病部产生分生孢子，通过气流传播，进行多次再侵染。该病原菌除侵害豇豆外还可侵染菜豆、蚕豆、豌豆、大豆等豆科作物。

该病的防治主要是要加强田间管理。注重施用有机肥及磷钾肥，促使生长健壮，提高植株的抗病性；合理密植，以利于田间通风透光，防止湿度过大；进行深沟窄畦栽培，以利于雨后及时排水，降低田间湿度。此外，要注意搞好田园卫生。

21. 豌豆黄顶病的发生原因是什么？有什么症状特点？如何防治？

豌豆黄顶病由豌豆黄顶病毒（PTV）侵染引起，病原病毒在活体寄主上存活越冬，借豆蚜传毒，汁液摩擦和种子都不能传毒。植株染病后矮缩，新抽出的顶叶黄化、变小、皱缩卷曲，质脆，叶腋抽出多个不定芽，呈丛枝现象。早期感病植株多数不能结荚，严重时病株很快枯死。该病毒除侵染豌豆外，还可侵染菜豆、黄豆、紫云英。该病的防治参照豆类蔬菜病毒病。

22. 菜豆、豇豆常见的有哪几种叶斑病害？如何防治？

菜豆、豇豆叶斑病常见的有煤霉病、褐绿、白斑病、红斑病、灰褐斑病、褐轮纹斑病等多种，其中以煤霉病和红斑病发生最为普遍，危害也最大，发病严重时造成叶片干枯早落，对产量影响也较大。其次为褐轮纹斑病，常造成叶片局部干枯。

防治方法：①清理田园，收集病残体烧毁，并深翻晒土尽可能实行轮作。②抓好以肥水为中心的栽培管理，提高植株抵抗力 。

23. 豆类蔬菜落花落荚的原因是什么？如何防治？

豆类蔬菜生产中常会出现花芽分化数和开花数较多，但结荚数较少，落花落果的现象。出现这种现象主要是由于环境条件的不适宜，使其花器发育不良，花粉管伸长缓慢而不能正常授粉受精，在花柄、果柄或叶柄的基部形成一隔离层，与着生组织分离脱落，导致落花落果。

(1)豆类蔬菜落花落荚的原因

①养分供应不足　蔬菜开花初期与末期，营养生长与生殖生长争夺养分，开花中期花与花、花与荚、荚与荚之间争夺养分，均可造成落花落荚。

②温度异常　豆类开花期遇早春10℃以下低温和夏季30℃以上高温，花器生理功能失调，降低花粉生活力，造成落花落荚。此外，开花结荚期如果夜温高于25℃，会妨碍植株的同化作用，使植株的呼吸增强而生长衰退，也会造成落花落荚。

③湿度不适宜　空气相对湿度和土壤水分过低或过高也会影

响花粉发育及授粉，造成落花落荚。如菜豆、豌豆的开花结荚期适宜的空气相对湿度为60%～90%，高温干旱条件下花粉畸形、早衰或萌发困难。高温高湿，则花粉不能正常破裂散粉，柱头黏液不足影响授粉，二者均会引起大量落花落荚。

④光照不足，通风不良　尤其在花芽分化后，当光照强度减弱时，植株同化效率降低，光合产物积累少，落花落荚增多。如种植过密或支架不当，致使植株茎叶互相遮挡、郁闭，影响光合作用和养分积累，造成下部落花落荚增多。

⑤施肥不当　豆类生育早期偏施氮肥，水分供应过多，植株徒长，引起落花落荚。生育期施肥不足，不能满足茎叶生长、开花和结荚的需要，植株各部分争夺养分，导致落花落荚。另外，病虫害也会造成落花落荚。

(2)防止落花落荚措施　一是选用适应性广，抗逆性强，坐荚率高的优良品种。二是精选种子，确保苗全、齐、匀、壮。三是掌握好播种时间，使其充分利用最有利于该作物开花结荚的生长季节，使植株生长健壮，增强适应性，减少落花落荚。四是加强肥水管理。种植地要施足基肥。一般每667平方米施腐熟有机肥3 000千克以上。坐荚前少施追肥，结荚期重施，并增施磷、钾肥。苗期控制浇水，注意中耕保墒，促进根系生长。初荚期不浇水，以免植株徒长引起落花。第一层荚长至半大时进入重点浇水追肥期。五是要合理密植和尽早搭架，及时整枝打杈去老叶和防治病虫害，使植株间保持良好的通风透光条件，提高光合效能。六是要及时早收嫩荚，以利于后期花序和豆荚的生长生育。七是要及时防治病虫害。

24. 豆蚜的为害特点是什么？

豆蚜又称苜蓿蚜、花生蚜。为害豌豆、大豆、菜豆、蚕豆、豇豆、苜蓿、苕子等豆科作物。成、若虫群集于寄主嫩芽、茎、叶、花及荚果等处以刺吸式口器吸食汁液,造成叶片卷缩发黄,嫩头萎缩(俗称"龙头"),结荚少或籽粒不饱满。该虫还可传播病毒病,其排泄的"蜜露"可诱发煤烟病,严重的致植株生育停滞乃至枯死。

25. 豆荚螟的为害特点及最适宜的发生条件是什么?如何防治?

豆荚螟属鳞翅目、螟蛾科,主要为害大豆、菜豆、毛豆、豌豆等豆科蔬菜,以幼虫为害,幼虫蛀食花蕾,引起落蕾落花,幼虫蛀食嫩荚,造成落荚,后期蛀食豆荚,并在其内取食幼嫩的豆粒,在豆荚内和蛀孔处堆积大量虫粪,受害豆荚味苦,不堪食用,严重受害区蛀荚率可达70%以上,另外幼虫还常卷叶为害豆叶。豆荚螟喜高温潮湿,土壤湿度直接影响成虫羽化和出土。对温度的适应范围广,7℃~31℃都能发育,最适温度为28℃,空气相对湿度为80%~85%,7~8月份多雨,常能引起大发生。

防治豆荚螟的措施如下:①选栽早熟丰产、结荚期短、少毛或无毛的品种。②不与其他豆科作物和豆科绿肥邻作或连作,最好实行水旱轮作。③定期及时清除田间落花、落荚及枯叶,摘除被害叶和嫩荚以减少虫源。收获后立即深翻土或松土。④在开花期灌水1~2次可减轻豆荚螟的发生。有条件的田地,可采取冬灌或春灌,消灭越冬虫源。⑤在老熟幼虫入土前,在田间湿度较高的条件下,每667平方米用1.5千克白僵菌加细土4.5千克撒施,消灭脱荚幼虫。⑥用黑光灯、频振灯等诱杀成虫,灯位应略高于豆架。

26. 为害豆类蔬菜的潜叶害虫主要有哪些?其为害特点是什么?如何防治?

为害豆类蔬菜的潜叶害虫主要是美洲斑潜蝇、豌豆潜叶蝇。

美洲斑潜蝇是一种多食性害虫，在蔬菜中主要为害瓜类、豆类、番茄、茄子、辣椒等。以幼虫在叶片、叶柄内钻蛀，形成许多灰白色蛇形隧道，随幼虫的长大，隧道逐渐加宽，1 张叶片内可有几头甚至几十头幼虫为害。由于幼虫的为害破坏了叶片的叶肉细胞和叶绿素，使植株发育不良甚至干枯死亡，严重时造成某些蔬菜、水果绝收。此外幼虫为害造成的隧道和成虫取食时形成的刺孔可使病原菌侵入叶片。豌豆潜叶蝇除了为害豌豆、菜豆、豇豆等豆类蔬菜外，还可蛀食甘蓝、白菜、萝卜等十字花科及番茄、茄子等茄科蔬菜。也是以幼虫潜叶为害，蛀食叶肉残留表皮，形成蛇形隧道。从而影响植物的生长、发育、结果。

防治这两种害虫主要抓以下几个环节：①加强植物检疫。②加强田间管理。铲除菜田周边杂草，摘除被害叶片，作物收获后清除被害作物的虫残体，并及时翻耕土地。针对美洲斑潜蝇落地化蛹习性，化蛹盛期适时灌水，可降低土壤中蛹的羽化率。采取寄主作物与非寄主作物间作或轮作，可减轻为害。③采用灭蝇纸或涂有粘虫胶、机油的黄板诱杀斑潜蝇成虫，在成虫始盛期至盛末期，每 667 平方米设置 10 余个诱杀点，3～4 天更换 1 次。

六、白菜类蔬菜病虫害

1. 白菜类蔬菜三大病害是指哪什么？它们各表现什么症状？

白菜类蔬菜三大病害是指病毒病、霜霉病和软腐病。

(1)*白菜类病毒病症状*　白菜病毒病又称孤丁病、花叶病、抽疯病，除危害白菜类蔬菜外，还危害芹菜、萝卜、甘蓝等蔬菜作物。各生育期均可发病。苗期受害，心叶叶脉失绿或呈明脉，以后出现花叶皱缩，有的叶脉有褪绿斑或条斑，重病苗矮化僵死。成株期染病，叶主脉扭曲，叶片皱缩不平，质硬而脆，叶背面常生许多褐色凹陷坏死条状斑，植株明显矮化畸形，不结球或结球松散。发病晚的，只在植株一侧或半边呈现皱缩畸形，或轻微花叶皱缩，内层叶上生灰褐色小点。种株染病，抽薹慢，薹短缩，花梗扭曲，植株矮小，新生叶明脉或花叶，老叶生坏死斑，花畸形，不结荚或荚瘦小，籽粒发芽率低，病株根系不发达。各种白菜类蔬菜因种类和品种的不同，症状也略有不同，但其共同点是苗期发病一般呈花叶型、成株期发病多呈花叶皱缩，采种株发病多数畸形。

(2)*白菜类霜霉病症状*　霜霉病是十字花科蔬菜的重要病害。此病全生育期均可发生。危害子叶、真叶、花及种荚。初期叶正面出现褪绿斑点，渐发展成黄褐色，叶背产生白色稀疏霉层，病斑发展受叶脉限制而呈多角形，发病严重时，霉层布满整个叶片，最后病部呈黄褐色至暗褐色而干枯死亡。该病从植株外叶向内发展，严重时最后只剩叶球。花梗与种荚发病，则肥肿畸形，潮湿时病部表面出现白霉。

(3)白菜类软腐病症状　包括大白菜与普通白菜软腐病。大白菜软腐病从莲座期至包心期发生,常见有 3 种类型:①外叶呈萎蔫状,莲座期开始,可见菜株外叶于晴天中午萎蔫,但阴天和早晚又恢复,持续几天后,病株外叶平贴地面,心部或叶球外露,叶柄茎或根茎处髓部组织溃烂,流出灰褐色黏稠状物,轻碰病株即倒伏。②菜帮基部水浸状,逐渐扩大为淡灰褐色,病组织呈黏滑软腐状。③叶柄或外部叶片边缘,或叶球顶端伤口处腐烂。病烂部均产生硫化氢恶臭味。在干燥条件下,腐烂的病叶经日晒逐渐失水变干,呈薄纸状,紧贴叶球。软腐病在贮藏期可继续扩展,造成烂窖。带菌种株,定植后提前枯死。

普通白菜软腐病根茎叶均可受害,病斑初呈水浸状或水浸半透明,后变褐腐烂,当病菌从茎基部或叶柄处侵入,使全株萎蔫。菜心多自切口处软腐,轻则不再抽出新菜薹,重的整株腐败,病部渗出鼻涕状黏液,散出臭味。

2. 白菜病毒病是怎样传播侵染的?什么条件下容易感染?

白菜病毒病主要由下列 3 种病毒单独或复合侵染所致。即芜菁花叶病毒(TuMV)、黄瓜花叶病毒(CMV)、烟草花叶病毒(TMV)。田间主要靠蚜虫传播或摩擦接触传播,还可通过种子带毒传播。

干旱、高温是适宜病毒发生、流行的气候因素。因此,在强日照、高温、严重干旱以及蚜虫严重发生时,病害蔓延迅速。此外,白菜播种过早,选用感病品种,土质黏重、地势低洼、多年连作的地块,发病率高,危害较重。

3. 怎样防治白菜类病毒病?

①选用抗(耐)病品种。尽量选植株高筒而直立,外叶厚的青帮品种。如秋福、秋绿、北京新3号等。②种子消毒。病毒病可用10%磷酸三钠浸种20分钟,捞出用清水冲洗干净,晾干后播种。③轮作和清洁田园。实行与十字花科、茄科、葫芦科以外的作物轮作及清洁田园,降低传毒生物体数量。④适期播种。适时晚播,躲过高温和蚜虫猖獗期。⑤合理整地、科学施肥浇水。最好采用垄作或高畦。施用充分腐熟农家肥。苗期要勤浇水、浅浇水。雨后及时浅中耕,破除板结,促进根系发育,提高植株抗病力。拔除病苗,减少病毒传播。⑥银灰膜避蚜。选宽度约20厘米的银灰色塑料膜,在地块四周及每隔6垄,顺垄方向将其挂上,高度约1米左右。

4. 白菜霜霉病菌是怎样传播侵染的? 最适宜的发病条件是什么?

白菜类霜霉病由芸薹霜霉菌侵染引起。在北方病菌主要以卵孢子在病残体或土壤中,或以菌丝体在采种母根或窖贮白菜上越冬。翌年卵孢子萌发产出芽管,从幼苗胚茎处侵入,造成了有限的系统侵染,在幼茎和叶片上形成孢子囊,经风雨传播蔓延,可进行多次再侵染;此外,病菌还可附着在种子上越冬,播种带菌种子直接侵染幼苗,引起苗期发病。病菌在菜株病部越冬的,越冬后产生孢子囊,孢子囊成熟后脱落,借气流传播,进行再侵染。南方温暖地区,特别是终年种植各种十字花科蔬菜的地区,病菌以孢子囊及游动孢子进行初侵染和再侵染,不存在越冬现象。

平均温度16℃左右,空气相对湿度高于70%,连续5天以上的连阴雨天 1 次或多于 1 次，霜霉病即能迅速蔓延。该病在湿度高，气温低至 10℃～15℃时易于发生流行。

5. 怎样防治白菜霜霉病？

防治白菜霜霉病可与非十字花科作物轮作 2 年以上。收获后清除田间病株残体，深翻地。适时早播种。播种前必须施腐熟的农家肥，施足基肥，增施磷钾肥，化肥分期使用。密度要合理，及时间苗、定苗。注意苗期的水分管理，主要是降低温度，以利于根系生长。包心期不可脱肥缺水。可用磷酸二氢钾 60～80 倍液或绿风 95 800 倍液在苗期、莲座期、生长期和包心期进行叶面施肥，可有效提高抗病力。

6. 白菜类软腐病菌是怎样传播侵染的？其最适宜发生条件是什么？如何防治？

白菜类软腐病菌在南方温暖地区，无明显越冬期，在田间周而复始、辗转传播蔓延。在北方主要在田间病株、窖藏种株或土中未腐烂的病残体及害虫体内越冬，通过雨水、灌溉水、带菌肥料、昆虫等传播，从菜株的伤口侵入。近年来研究表明，软腐病菌从白菜幼芽阶段起，在整个生育期内均可由根毛区侵入，潜伏在维管束中或通过维管束传到地上各部位，在厌氧条件下才大量繁殖引起发病。白菜的伤口主要分自然伤裂口、虫伤、病痕及机械伤等，其中叶柄上自然裂口以纵裂居多，是该病侵入的主要途径。生产上久旱遇雨，或蹲苗过度、浇水过量都会造成伤口而发病。

地表积水、土壤中缺少氧气，不利于白菜根系发育或伤口木栓化则发病重。气候条件对该病的发生有很大影响，低温（15℃～20℃）、多雨、高湿条件下，软腐病易流行。此外，还与白菜品种、茬口、播种期有关，一般白帮系统、连作地或低洼地及播种早的发病重。

软腐病的防治主要从以下几方面入手：①选用抗病品种。白菜品种对软腐病的抗性与对病毒病和霜霉病的抗性是一致的。还要尽可能选择前茬豆科植物的田块种植白菜，避免与茄科、瓜类及其他十字花科蔬菜连作。并及早腾地、翻地，促进病残体腐烂分解。②适期播种，起垄栽培并保持一定垄高。③雨后要及时排水，不能使地里有积水。并实行沟灌或喷灌，严防大水漫灌，并且灌水要勤灌、均衡灌。改通灌、串灌为长垄短灌。每次灌水前仔细检查软腐病株，查出后拔除，并在株穴撒石灰，然后覆土踏实，再灌水。④减少伤口产生。在白菜封垄后要尽量减少不必要的田间作业或田间走动，避免机械碰伤。追施化肥时要注意离根系有一定的距离，以免烧伤。保持供水均衡，避免土壤暴干暴湿，造成菜叶生理裂口。从苗期起就要及时防治地老虎、菜青虫、甘蓝夜蛾、地蛆等害虫。

7. 怎样区别白菜类蔬菜白斑病与黑斑病？其传播途径有何不同？

白菜类白斑病和黑斑病均是真菌引起的病害，其症状有相同之处，即这两种病害均以危害叶片为主，且最后病斑部分都会破裂穿孔。其不同之处是白斑病的病斑中间灰白色，边缘淡黄色，湿度大时病斑叶背会产生灰白色霉状物；黑斑病的病斑为灰褐色，有明显的同心轮纹，后期病斑上有一层煤烟状黑霉。

这两种病菌的传播途径大致相同，病菌随病残体在土表或土中越冬，病菌孢子亦可附着在种子上越冬。在环境条件适宜时，越冬的病菌长出新的分生孢子，通过气流传播，进行多次再侵染。病菌由气孔侵入，或直接穿透表皮而侵入。

8. 怎样防治白菜白斑病和黑斑病?

(1)综合预防措施　选用适合当地的抗病品种，与非十字花科作物轮作2～3年，整地深耕晒透，加强栽培管理，适期播种，合理密植，施足有机基肥，增施磷、钾肥和有机微量元素复合营养液，以提高植株抗逆能力等。

(2)做好种子处理　播种前用50℃温水浸种25分钟，冷却后晾干再播种。

9. 怎样识别白菜炭疽病？白菜炭疽病的病菌是怎样传播侵染的?

大白菜、普通白菜炭疽病主要危害叶片、叶柄和中脉，也可危害花梗、种荚等。病叶初生苍白色水渍状小点，后扩大为灰褐色至灰白色中央稍凹陷的圆斑，病斑直径一般为1～3毫米。后期病斑半透明状，易穿孔。叶脉上病斑多发生于叶背面，褐色、条状、凹陷。叶柄、花梗和种荚染病，常形成长椭圆形至梭形、淡褐色、凹陷病斑。在潮湿条件下，病部往往产生粉红色黏质物(分生孢子盘和分生孢子)。该病除危害大白菜外还可危害小白菜、萝卜、芜菁、芥菜等十字花科蔬菜。

大白菜炭疽病病菌主要以菌丝体或分生孢子在病残体内种子表面越冬。越冬菌原借风雨传播，可多次再侵染。发生期主要受温度影响，发病程度主要取决于湿度大小，高温多雨、湿度大、早播有利于病害发生。白帮品种较青帮品种发病重。

10. 怎样防治白菜炭疽病?

一是选用抗病品种,如青庆、夏冬青、双冠等。

二是种子处理。种子用冷水浸 1 小时,投入 50℃温水浸种 15 分钟,再投入冷水中冷却,晾干播种。

三是加强田间管理。前茬作物收获后,清除病残体并深翻;与非十字花科作物隔年轮作;合理施肥,增施磷钾肥,增强植株抗病力;适期晚播,避开高温多雨季节。

11. 白菜类细菌性角斑病的症状特点是什么?如何防治?

感染白菜类细菌性角斑病菌后,初于叶背出现水浸状稍凹陷的斑点,扩大后呈不规则形膜质角斑,病斑大小不等,湿度大时叶背病斑上出现菌脓,叶面病斑呈灰褐色油浸状。干燥时,病部易干,质脆,开裂。该病不危害叶脉,因此,病叶常残留叶脉,很像害虫为害状。前期病叶呈铁锈色,或褐色干枯,后期受害处叶片干枯脱落。在苗期至莲座期,或包心初期发病,外部 3～4 层叶片染病后出现急性发病,呈水渍薄膜状腐烂,病叶铁锈色或褐色干枯,后病部破裂、脱落形成穿孔,残留叶脉。此外,该病还可危害菜花、甘蓝、油菜、番茄、甜椒、芹菜、萝卜、黄瓜、菜豆等蔬菜。

防治方法:①种子用 50℃温水浸种 20 分钟。建立无病留种地,选用无病种子。②选用抗病品种,白帮品种较绿帮品种抗病。加强田间管理。

12. 怎样识别白菜白锈病？如何防治？

白菜白锈病主要发生在叶片上。初期叶背面出现稍突起的近圆形至不规则形白色疮斑，表面稍有光泽，疮斑多少不等。成熟的疮斑表皮破裂，散出白色粉末状物，叶正面显现黄绿色，边缘有不明晰的不规则斑，种株的花梗、花器受害后畸形弯曲、肥大，肉质茎也出现乳白色疮状斑。该病除了危害白菜类蔬菜外，还可侵染芥菜类、根菜类等十字花科蔬菜。

防治方法：①收获后清除病残体集中深埋或烧毁。②与非十字花科蔬菜隔年轮作。

13. 大白菜为什么会得“干烧心”病？如何防治？

干烧心病多发生于大白菜莲座期至结球期。莲座期发病时，心叶顶部边缘呈半透明水浸状，之后病斑扩展，叶缘逐渐干枯黄化，叶片上部也逐渐变干黄化，叶肉呈干纸状。叶组织呈水浸状，叶脉暗褐色，病处汁液发黏，但无臭味，病、健组织分明；结球期发病叶片主要发生在叶球中部，叶球虽可生长，但包球不紧，发病严重的则空心，有的受细菌侵染而腐烂，发出臭味。大白菜贮藏期间还可继续发展。

干烧心病过去较多研究认为是缺钙引起，土壤中缺少水溶性钙。植株快速生长期间（莲座期、结球期）天气干旱，浇水不及时，或者过量地施用氮肥和钾肥，土壤含盐量高于0.2%等，都易导致作物缺钙，引起干烧心病发生。但现在有的报道认为是土壤中缺有效锰引起的，经农业部环保科研监测所测定，虽然典型的钙质土中有效锰含量相当低，但在石灰性土壤里交换态锰含量及还原态锰含量可以保证作物所需。检验分析结果表明，病、健株的大白菜含钙量并无明显规律性，但其含锰量差异显著，患病白菜含锰量很低。有研究也认为叶面喷施钙素微肥对干烧心病并无明显疗效，喷施锰肥及硼砂对干烧心病有一定疗效。

防治方法：

(1)选用抗病品种　一般直筒型品种较耐病。应尽量避免与吸钙量多的作物连作，如甘蓝、大豆、番茄等。灌水宜在早晚进行，莲座期保持见干见湿，结球期应经常保持湿润。

(2)增施有机肥　土壤有机质含量应保持在2.5%以上。氮、磷、钾肥应配合施用，且应分次追施，切忌单施大量氮肥。大白菜莲座期叶面喷施钙、锰肥，每隔5～7天喷1次，连喷3～5次，每100平方米每次用液量5千克左右，喷施钙肥可用1%过磷酸钙溶液、5%氯化钙溶液；喷施锰肥可用7%硫酸锰溶液。另外，在大白菜苗期、莲座期、包心期叶面各喷施1次干烧心防治丰，每667平方米用药0.45千克；也可每667平方米用干烧心防治丰200克拌土随播种撒在埯里。贮藏时，控制窖温在0℃左右、空气相对湿度90%～95%时，可降低发病率。

14. 如何识别白菜类蔬菜冻害？如何防治？

大白菜、小白菜、油菜等白菜类蔬菜在越冬栽培、育苗、早熟栽培及大白菜生长后期，常发生冻害。一般在气温低于－5℃时大白菜开始受害，低温持续时间越长，受害越重。普通白菜在－2℃～3℃下可越冬，蕾期抗寒力差，0℃以下极易受害。受害轻的叶片变白呈薄纸状，重的似水烫过，叶片平摊地面。

防治方法：①合理施肥，控氮增磷、钾，促进根系发育，增加抗寒力。②覆盖保护。冬季用作物秸秆等铺在青菜行间，或者用4厘米左右的土把心叶盖往，春季再去掉。③冬前重施有机肥，施于青菜行间既可提高地温，又可冬施春用。④早春及时中耕培土，疏松土壤，提高土温。⑤喷洒 27％高脂膜乳剂 80～100 倍液。⑥大白菜冻害的预防，主要是要根据气候的变化，做好冻害预测，适时收获。

15. 为什么经常会出现大白菜包心不实的现象？如何防治？

大白菜包心不实是肥水管理不当所致。偏施氮肥，磷钾养分不足会造成包心不实。大白菜莲座期要控水控氮，为包心打好基础，过早地浇水和施氮都会造成包心不实。

从大白菜的全生育期看，要经过苗期、莲座期和包心期 3 个时期，大白菜苗期养分吸收少，只占 10％，莲座期占 30％，这一时期在管理上应该控水控肥，尤其控氮肥，让白菜叶片缓慢生长，也叫蹲苗时期。在结球初期和中期，各施 1 次磷酸二氢钾和适量农家肥，每次每株 15～20 克，对清水或沤制腐熟的粪水淋施。同时要注意，在大白菜包心结球期，保持水分均匀，充足供应，切忌时多时少，时干时湿。一般早晚各浇 1 次清水，每次每株浇水 1～1.5 升，用稻草或其他杂草将畦面盖住，以保持土壤湿润。不能让水分太足造成菜叶徒长和直立，而应该让菜叶长得像莲座那样叶片间紧密平展，到了结球期才能包心紧实，产量高，品质好。

16. 如何正确确定大白菜的播期？

大白菜营养生长阶段适宜的生长温度是由高到低，所以秋季是大白菜最适宜的生长季节。播种过早，天气炎热，生长不良，很容易感染各种病害。播种过迟，又由于缩短了生长期，结球不紧，影响产量和品质。所以，秋季大白菜对播种期要求比较严格，而且适期较短,必须严格掌握播种期。一般华北地区大白菜适宜播期为“立秋”前3天后4天。各地可根据实际情况,所处地势适当前推或后延。此外,还要结合以下几方面综合考虑以确定适宜的播期。

(1)气候条件　根据当地气象预报,如在常年播种期的旬均温近于或低于常年,可适当早播;否则适当晚播。用地膜覆盖的,可适当晚播。

(2)品种选择　生长期长的晚熟品种适当早播,生长期短的中熟或中晚熟品种适当晚播。

(3)土壤类别　砂质土壤发苗快,适当晚播;黏重土壤发苗慢,适当早播。

(4)肥力高低　土壤肥沃,肥料充足,白菜生长快,可适当晚播;否则适当早播。

(5)历年病虫害程度　历年病虫害严重的地块,适当晚播;否则可以早播。

17. 菜粉蝶各虫期的形态特征是什么?

(1)成虫　体长15～20毫米。体黑色,前后翅均为粉白色,前翅顶角有三角形黑斑,在翅的中外方有两个黑色圆斑。后翅前缘近外方处有一黑斑,展翅后,前后翅三圆斑在一直线上。雄蝶翅色较白,前翅近后缘的圆斑不明显,顶角三角形黑斑稍淡而小。

(2)卵　瓶状,顶端稍尖,基部较钝,初产时淡黄色,后变橙黄色。表面有许多纵列及横列的脊纹,形成长方形小格。

(3)幼虫　即菜青虫,成长幼虫体长28～35毫米,全体绿色,腹面淡绿色,体密布细小黑色毛瘤。沿气门线有黄色斑点一列。体节每节有5条横皱纹。

(4)蛹　体长18～21毫米,纺锤形,两端尖细,中间膨大有棱角状突起。

18. 菜粉蝶的为害特点是什么？怎样防治菜青虫？

菜粉蝶属世界性害虫，国内几乎所有的省、直辖市都有发生，其中以华东、华北及西北南部为害最重，寄主9科35种左右。主要为害十字花科蔬菜，其中以甘蓝、花椰菜、球茎甘蓝、白菜、萝卜、油菜受害最重，是十字花科蔬菜的重要害虫。

初龄幼虫在叶背啃食叶肉，残留表皮，三龄后食叶成孔洞或缺刻，严重时仅存叶柄和叶脉。同时排出粪便污染叶面和菜心，降低蔬菜的产量和品质。此外幼虫为害的伤口，常导致软腐病的发生。

菜青虫的防治措施：①可用Bt.乳剂、复方Bt.乳剂，杀螟杆菌或青虫菌粉，含活孢子量100亿/克以上，对水500～800倍喷雾。②利用0.20%菜青虫体液水溶液防治。方法是：每667平方米拾取100克菜青虫，捣碎腐烂，对水250毫升，加洗衣粉50克，再对水50千克喷雾。③用过磷酸钙和石灰水避卵防治菜青虫，以1%～3%石灰水或1%～3%过磷酸钙浸液喷雾。④用50%苦树根皮粉，用纱布包扎，抖在菜株上，每667平方米用药1.5千克，在卵孵化高峰期一次使用，可有效控制菜青虫为害。⑤取臭椿叶1份加水3份，浸泡1～2天，将水浸液过滤后喷洒，可防治菜青虫、蚜虫等。⑥冬季拾取菜地棚架物及周围20米以内砖石上的菜青虫蛹，结合深翻土壤，以冻死土壤中越冬的虫蛹；春、夏、秋季可人工捏死甘蓝型菜叶上的菜青虫蛹和幼虫，收获后及时清除菜地中的枝叶等残留物。⑦保护蜘蛛、瓢虫等天敌，人工释放粉蝶金小蜂。

19. 小菜蛾的成虫和幼虫形态特征是什么？

(1)成虫　体长6～7毫米，翅展12～15毫米。触角丝状，静止时向前伸。前后翅狭长,前翅中央有黄白色3°曲折的波纹,静止时两翅折叠呈屋脊状,黄白色部分合并成三个连串的斜方块。

(2)幼虫　成长幼虫体长10～12毫米,头黄褐色,胸腹部绿色。腹部第四至第五节膨大,两头尖细,近纺锤状。

20. 小菜蛾的为害特点是什么?如何防治?

小菜蛾的雌成虫将卵散产于叶背靠近叶脉的凹陷处。卵期3～11天。初孵幼虫潜入叶内取食,二龄初从隧道中退出,取食下表皮和叶肉,留下上表皮呈"开天窗"状,三龄后可将叶片吃成孔洞,严重时仅留叶脉。幼虫很活跃,遇惊扰即扭动、倒退或吐丝下垂。幼虫共4龄。

防治方法:①避免与十字花科周年连作,以免虫源周而复始发生。对苗田加强管理,及时防治,避免将虫源带入本田;蔬菜收获后,要及时处理残株落叶,及时翻耕土地,可消灭大量害虫。②小菜蛾有趋光性,在成虫发生期每667平方米设置1盏黑光灯或频振灯,可诱杀大量小菜蛾成虫。也可用小菜蛾性诱剂诱杀成虫。③释放菜蛾绒茧蜂、姬蜂。④每667平方米放性引诱剂诱芯7个,把塑料膜4个角绑在支架上盛水,诱芯用铁丝固定在支架上弯向水面,距水面1～2厘米,塑料膜距蔬菜10～20厘米,诱芯每30天换1个。

21. 菜蚜种类有哪些?有何为害特点?

为害十字花科蔬菜的蚜虫主要有3种:菜缢管蚜(又称萝卜蚜),桃蚜(又称烟蚜)、甘蓝蚜(又称菜蚜)。3种蚜虫均属同翅目、蚜科。这3种蚜虫都是世界性害虫,菜缢管蚜和桃蚜国内分布普遍;甘蓝蚜主要分布区在北方,江浙一带主要是菜缢管蚜和桃蚜。

菜缢管蚜的寄主已知有30多种，甘蓝蚜的寄主约50种，这两种蚜虫都是以十字花科为主的寡食性害虫，前者喜食叶面毛多而蜡质少的蔬菜，后者喜食叶面光滑蜡质多的蔬菜。桃蚜已知寄主有350多种，是一种多食性害虫，不仅为害十字花科蔬菜，还可为害茄科蔬菜以及桃、李、杏等果树。菜蚜的成、若蚜常群集于寄主植物的心叶、叶背吸食汁液，因其种群数量多，往往造成菜株严重失水和营养不良，被害叶片卷曲、皱缩，甚至整个外叶塌地萎蔫，菜株矮小，发育不良，受害重者甚至枯萎死亡。对留种株则为害花梗、嫩茎和嫩荚，使花梗扭曲，种荚畸形，影响结实。此外，菜蚜的发生还可导致煤污病和病毒病的发生，对十字花科蔬菜的生产造成严重的威胁。

22. 怎样防治菜蚜?

由于蚜虫繁殖快，蔓延迅速，因此对蚜虫的防治应重点放在防治无翅胎生雌蚜，即要求控制在点片发生阶段。为了防蚜治病，要将蚜虫控制在毒源植物上，消灭在迁飞前，即产生有翅蚜之前进行防治。

防治菜蚜主要采取以下措施。一是加强田间管理。大面积十字花科蔬菜苗床位置，应尽量远离十字花科蔬菜留种地及桃、李等果园。蔬菜收获后，及时处理残株败叶，结合中耕清除杂草，打去老叶、黄叶，间去病虫苗，并立即带出田间加以处理。二是黄板诱蚜。利用蚜虫对黄色的趋性，可用黄皿或黄板诱集蚜虫。另外，利用蚜虫忌避银色反光的习性，可采用银色反光塑料薄膜避蚜。植物灭蚜；烟草磨成细粉，加少量石灰粉撒施。辣椒加水浸泡1昼夜，过滤后喷洒。桃叶浸于水中1昼夜，加少量生石灰过滤后喷洒。用植物驱蚜；韭菜挥发的气味对蚜虫有驱避作用，将其与其他蔬菜搭配种植，可降低蚜虫的密度，减轻蚜虫对蔬菜的为害程度。

三是保护天敌。蚜虫的天敌有七星瓢虫、异色瓢虫、草蛉、食蚜蝇、食蚜蛉及蚜霉菌，对它们应注意保护和加以利用，使蚜虫的种群控制在不足为害的数量之内。

23. 怎样识别菜螟？它是怎样为害白菜类蔬菜的？

成虫为灰褐色小蛾，体长约 7 毫米，翅展 15～20 毫米。前翅灰褐色或黄褐色，内、外横线灰白色波浪形，灰褐色镶边，因而成双重线纹。肾形纹明显，深褐色，周围边缘颜色为灰白色。后翅灰白色，外缘稍带褐色。

卵长约 0.3 毫米，椭圆形，较扁平，表面有不规则网状纹。初产时淡黄色，后逐渐出现红色斑点，孵化前橙黄色。

老熟幼虫体长 12～14 毫米，头黑色，胸腹部黄色或黄褐色，背面有 7 条深灰褐色纵线，中、后胸各有 6 对毛瘤，排成一横行。腹部各节背侧面着生毛瘤 2 排，前排 8 个，后排 2 个。

蛹体长约 7 毫米，黄棕褐色。翅芽长达第四腹节后缘，腹部背面隐约可见 5 条褐色纵线。无臀刺，腹末生长刺 2 对，中央 1 对略短，末端稍弯曲。

菜螟是一种钻蛀性害虫，初孵幼虫潜叶为害，隧道宽短；二龄后穿出叶面，在叶上活动；三龄吐丝缀合心叶，在内取食，使心叶枯死抽不出新叶；四至五龄幼虫可由心叶或叶柄蛀入茎髓或根部，形成粗短的袋状隧道，蛀孔显著，孔外缀有细丝，并排出潮湿的虫粪。幼虫可转株为害 4～5 株。被害蔬菜由于中心生长点被破坏而停止生长，形成多头生、小叶丛生、无心苗等现象，致使植株停滞生长，或根部不能加粗生长，最后全株枯萎，整株蔬菜失去利用价值。

24. 怎样防治菜螟？

(1)加强管理　蔬菜收获后，清除残株落叶，并进行深耕，消灭幼虫和蛹。适当调节播种期，将受害最重的幼苗期与菜螟产卵及幼虫为害盛期错开，以减轻为害。适当灌水，增加土壤湿度，对促进蔬菜生长可收到一定效果。

(2)人工防治　结合间苗、定苗，拔除有虫苗进行处理，根据幼虫吐丝结网和群集为害的习性，及时人工捏杀心叶中的幼虫，起到省工、省时、收效大的效果。

(3)释放天敌　可利用赤眼蜂防治菜螟等蔬菜害虫。放蜂时应选择晴天上午 8～9 时，露水已干，日照不烈时进行。一般发生代数重叠、产卵期长、数量大的情况下放蜂次数要多，蜂量要大。通常每代放蜂 3 次，第一次可在始蛾期开始，数量为总蜂量的 20%左右；第二次在产卵盛期进行，数量为总蜂量的 70%左右；第三次可在产卵末期进行，释放总蜂量的 10%左右。每次间隔 3～5 天。放蜂的方法有成蜂释放法和卵箔释放法，亦可将两者结合释放。

25. 为害蔬菜的跳甲有几种？它是怎样为害蔬菜的？

为害蔬菜的跳甲种类主要有黄曲条跳甲、黄直条跳甲、黄宽条跳甲、黄狭条跳甲。成虫咬食叶片形成孔洞，幼虫剥食幼根形成枯苗。

26. 黄曲条跳甲为害特点是什么？如何防治？

黄曲条跳甲成虫与幼虫均可为害十字花科蔬菜，如大白菜、萝卜和油菜等。成虫群集于叶片取食,使被害叶布满稠密的小孔,对叶肉较厚的品种只啃食叶肉而残留表皮。该虫喜食植物幼嫩部分,故以蔬菜幼苗期受害最重,刚出土的幼苗被害可成片枯死,而在留种地主要为害花蕾和嫩荚。幼虫生活在土中,专门为害寄主根部,使根表面形成不规则的条状瘢痕。幼虫可咬断须根,导致叶片发黄、植株萎蔫枯死。萝卜被害后,肉质根表面被蛀成许多黑斑,逐渐变黑腐烂。为害白菜时还能传播软腐病。

防治方法:①合理轮作。尽量避免十字花科蔬菜之间的轮作,可选择非十字花科作物如水稻、葱、蒜、胡萝卜等进行轮作换茬,能中断害虫的食物供给,进而减轻为害。②彻底铲除菜地周边杂草,清除菜地残株败叶,保持田间清洁,消灭成虫越冬场所和食料基地,消灭越冬成虫,减少田间虫源。③播前深耕晒土,造成不利于幼虫生活的环境并消灭部分蛹。移栽时要选用无虫苗。④利用耕地冬闲时机,每 667 平方米施入生石灰 100～150 千克,深翻晒土,闷沤一段时间,既可杀灭幼虫和蛹,又可调节土壤酸碱度,改良土壤结构。⑤利用成虫具有趋光性及对黑光灯敏感的特点,夜间用黑光灯诱杀成虫,具有一定的防治效果。

七、甘蓝类蔬菜病虫害

1. 甘蓝类霜霉病的症状特点、发病条件和传播途径是什么？如何防治？

幼苗发病在茎叶上出现白色霜状霉，幼苗逐渐枯死。成株发病叶片上的病斑为淡绿色，以后病斑的颜色渐变为黑色至紫黑色，微凹陷，病斑受叶脉限制呈不规则形或多角形，叶背上病斑呈现白色霜状霉层。在高温下容易发展为黄褐色的枯斑。发病严重时病斑汇合，叶片变黄枯死。生长期中老叶受害后有时病原菌也能系统侵染进入茎部，在贮藏期间继续发展达到叶球内，使中脉及叶肉组织上出现黄色不规则形的坏死斑，叶片干枯脱落。

甘蓝类霜霉病的病原是鞭毛菌亚门芸薹霜霉属，该菌以卵孢子在病残体和土壤中越冬，也能以菌丝体在采种株内越冬，还可以卵孢子附在种子表面或随病残体混在种子里越冬。翌年卵孢子萌发侵染春甘蓝，以后产生孢子囊靠气流传播侵染。在气温稍低(16℃)，昼夜温差大、多雨高湿或大雾的条件易发病流行。连作、田间积水、脱肥等情况下甘蓝发病重。

防治方法：选用抗病品种。与非十字花科作物隔年轮作，最好是水旱轮作。苗床注意通风透光，不用低湿地做苗床，结合间苗摘除病叶和拔除病株，低湿地采用高垄栽培，合理灌溉施肥。收获后清园深翻。

2. 甘蓝类蔬菜软腐病的症状、病原菌的侵染循环及防治方法是什么?

甘蓝类蔬菜软腐病,又称水烂、烂疙瘩,是甘蓝包心后期的主要病害之一。甘蓝类蔬菜软腐病,一般始于结球期,初在外叶或叶球基部出现水渍状斑,病部开始腐烂,叶球外露或植株基部逐渐腐烂呈泥状,或塌地溃烂,并发出恶臭。也有外叶边缘枯焦,心叶顶部或外叶全面腐烂,或从叶片虫伤处向四周蔓延,最后造成整个菜头腐烂。腐烂球叶在干燥环境下失水变成透明薄纸状。

软腐病菌主要在病种株和病残组织中越冬。田间发病株、春栽的带病采种株、土壤和粪肥等均带有大量病菌,成为侵染来源。春季病菌经雨水、灌溉水、施肥和昆虫(地蛆、菜粉蝶等)传播,从伤口或自然裂口侵入寄主,土壤中残留的病菌还可从幼芽和根毛侵入,通过维管束向地上部运转,或潜伏在维管束中,成为生长后期和贮藏期腐烂的菌源。

防治方法:

(1)积极筛选与培育抗病品种　培育利用丰产、优质抗病品种是最经济、最有效的防病途径。

(2)种子处理　采用无病种子,在无病田和无病株采种。必要时种子消毒,用冷水预浸 10 分钟,再用 50℃的温水浸 30 分钟。

(3)轮作倒茬　前茬尽可能选择麦类、豆类、韭菜或葱类作物,避免与茄科、瓜类及其他十字花科蔬菜连作。发病严重的地块,与非十字花科蔬菜实行 2～3 年轮作。

(4)改善栽培管理条件　秋后深翻,消灭菌源;选择高垄栽培,播前覆盖地膜,提高地温,减少病菌侵染;秋甘蓝适当晚播,使包心期避开传病昆虫的高峰期;施足基肥,肥料充分腐熟,及时追肥,促进菜苗健壮,减少伤口;雨后及时排水;发现病株立即拔除深埋,病穴撒石灰消毒。

3. 甘蓝类蔬菜病毒病的症状及防治方法是什么?

甘蓝类蔬菜病毒病从苗期至成株期均可发病,主要危害叶片。苗期染病,叶片产生褪绿近圆形斑点,直径 2～3 毫米,以后整个叶片颜色变淡或变为浓淡相间绿色斑驳。成株染病除嫩叶出现颜色不均斑驳外,老叶背面有黑色坏死斑点,病株结球晚且松散。种株染病,叶片上出现斑驳,并伴有叶脉轻度坏死。

防治方法:①选种抗病品种。②调整蔬菜布局,合理间、套、轮作,发现病株及时拔除。收获后清除田间病残体,铲除田间杂草,消灭毒源。③适期播种,适时蹲苗。④前期浇水控温防病,播后即浇第一水;翌日或隔日幼苗出土时浇第二水;第三、第四天幼苗出齐后可因地制宜浇第三水;4～5 片真叶时浇第四水;7～8 片真叶后浇第五水。每次浇水均有利于降低地温,连续浇水,地温稳定,可防止病毒病的发生。⑤苗期防蚜,尽一切可能把传毒蚜虫消灭在毒源植物上。

4. 如何识别甘蓝类蔬菜黑胫病?什么情况下甘蓝类蔬菜黑胫病发病更严重?

结球甘蓝、花椰菜、芥蓝等甘蓝类蔬菜黑胫病又叫根朽病。幼苗发病,子叶、幼茎和真叶均出现灰白色圆形至椭圆形病斑,上生黑色小粒点。严重时枯死。轻病苗移栽后,茎基部及根部形成紫黑色条斑。成株期发病,叶片、花梗和种荚上产生不定型或圆形灰白色病斑,上生许多小黑点。贮藏期发病,叶球可发生干腐症状。纵切病茎可见维管束变黑。

种植密度大，通风透光不好，发病重；土壤黏重、偏酸，多年重茬发病重；氮肥施用过多，生长过嫩或肥力不足，植株抗性降低，则发病重；地势低洼，排水不良土壤潮湿易发病；育苗期湿度大发病重；天气多雨潮湿或雨后高温，利于该病的发生。

5. 如何防治甘蓝类蔬菜黑胫病？

从无病株上留种，采用 50℃温水浸种 20 分钟，催芽播种；与非十字花科作物轮作 3 年以上，最好是水旱轮作；深翻灭茬，促使病残体分解；做好排水沟，大雨过后及时清理沟系，以降低田间湿度；发病时及时清除病叶、病株，并带出田外烧毁。

6. 甘蓝类蔬菜黑根病的症状是什么？该病的发生原因是什么？

结球甘蓝、抱子甘蓝、球茎甘蓝、芥蓝等甘蓝类蔬菜黑根病，主要危害蔬菜苗期的茎部，定植后一般停止发展，但个别田仍可继续死苗，造成田间缺苗断垄。病菌侵染植株根茎后，受害株叶片萎蔫、下枯，继而造成整株死亡。病株易拔起，拔起后可见病部呈黑色或黑褐色，依被害时苗龄大小缢缩明显或不明显。湿度大时病部可见灰白色至灰褐色霉状物，亦能引致皮层腐烂。此外，还可表现为猝倒或叶球腐烂。该病虽能导致叶球内部腐烂，但无恶臭，可区别于软腐病。

该病由半知菌亚门的立枯丝核菌侵染引起，属真菌病害。病部见到的霉状物即病原菌的菌丝体。

7. 怎样防治甘蓝类蔬菜黑根病?

防治甘蓝类蔬菜黑根病，一是选择地势高、地下水位低、排水良好、水源方便的地方育苗。二是加强苗床管理。用无病的新床土；肥料一定要腐熟并施匀；播种均匀而不过密，盖土不宜太厚；依天气情况进行保温和通风；需浇水时在上午进行，每次不宜过多，浇水后注意通风。三是及时拔除病苗，减少传播蔓延。定植时除掉病苗，避免带进菜田继续造成危害。

8. 甘蓝类蔬菜黄叶病的症状是什么? 如何防治?

甘蓝移栽后1周即可发病。初发病植株呈萎蔫状态，心叶变矮，叶片由紫红色变为枯黄色，叶基变褐。解剖观察，叶柄和根部维管束呈黑色。色变是由于根部感病后向叶缘扩展形成的结果，从而导致植株叶片从下而上逐渐脱落。特点是发病早，扩展快，病情重。发病早的植株很快死亡，迟缓的较正常植株结球小1/3～2/3，对产量影响很大。

防治甘蓝类蔬菜黄叶病，一是选用抗病品种；二是适期播种，一般不要过早，尽量躲过高温干旱季节；三是加强田间管理。蹲苗适度，改变蹲“满月”习惯，防止苗期土壤干旱，遇有苗期干旱年份地温过高宜勤浇水降温，确保根系正常发育。

9. 怎样识别甘蓝类蔬菜黑腐病? 该病是怎样传播侵染的?

甘蓝类蔬菜黑腐病主要危害叶片，也侵害叶球或球茎，各生育期均可发生。幼苗出土前引起烂种，造成缺苗。苗期子叶受害呈水渍状，致使植株迅速枯死或蔓延到真叶。真叶染病，病菌由水孔侵入，在叶缘形成“V”形病斑；从伤口侵入，在其附近形成不规则病斑。病斑黄褐色至淡褐色坏死，具明显的黄绿色或黄色晕边，病健界限不明显。病菌进一步沿叶脉向叶内或四周扩展，可形成较大的坏死区或不规则形黄色至黄褐色大斑。病害严重时可引致全叶枯死或外叶局部或全部腐烂。病菌通过茎部维管束进一步蔓延到短缩茎、叶球，引起植株萎蔫。球茎受害则维管束变为黑色或腐烂，但不臭，干燥时呈干腐状。

病菌在种子及随病残体遗落在土中，或在留种株与十字花科蔬菜上越冬。借带菌种子、带菌堆肥、病苗、灌溉水、风雨及农事操作等作远距离或近距离传播。播种带菌种子，幼苗出土时子叶及幼茎即可发病。病菌从子叶和真叶的水孔和伤口侵入。

10. 怎样防治甘蓝类蔬菜黑腐病?

防治甘蓝黑腐病的措施有：①因地制宜选用抗病品种；②无病田或无病株留种。对有可能带菌的种子进行种子处理。先用冷水预浸 10 分钟，再用 50℃热水浸种 20 分钟，取出后立即用冷水冷却；③对重病田应与十字花科蔬菜进行 2 年轮作；④适时播种，适度蹲苗，实行防雨育苗；⑤合理密植，高畦深沟栽培，雨后及时排水，需要时进行浸灌，降低田间湿度；⑥施用充分腐熟的有机肥，做到氮、磷、钾合理配合施用；⑦及时防虫，减少伤口与侵染机会；⑧清洁田园，及时清除病残体。

11. 结球甘蓝水肿现象是怎样产生的？如何防治？

结球甘蓝水肿现象多发生在较嫩外叶上。在叶片上出现许多小的灰褐色的疣状生长物，叶表皮破裂，露出叶肉，或混入沙子等物。经常被误认为是由沙子或害虫造成叶片损伤而引起的。

甘蓝出现水肿现象主要原因是：甘蓝在温暖天气生长时，突然遇到冷夜袭击，叶片吸水快于失水就会把叶表皮胀破，致叶细胞暴露出来后木栓化，而形成水肿状。

防治方法：①适期定植，不宜过早，以免遇到较重寒潮突然袭击；②遇有寒流侵袭可采取熏烟升温措施防止降温幅度过大；③合理施用氮肥，增施磷、钾肥，保证叶片老健。

12. 春甘蓝为什么会出现未熟抽薹现象？如何防治？

未熟抽薹或叫先期抽薹，是指在栽培商品菜甘蓝时，甘蓝没有正常包球成熟，而是在结球期间提前抽薹甚至开花。甘蓝是长日照植物，春甘蓝在没有通过春化阶段的情况下，在春季的长日照条件下就会形成很大的叶球。当幼苗具有一定数目的叶片，茎粗达到一定程度，在较低温度下，经过一定时间，就能通过春化阶段，花芽分化、抽薹开花，而不能形成叶球，出现未熟抽薹现象。一般说来，当幼苗叶片达到 3 片（早熟品种）或 6 片（晚熟品种）以上时，茎粗达 0.6 厘米以上时，受一定时间的低温影响，可通过春化阶段。但不同品种，其通过春化阶段的要求各异，早熟品种冬性一般较弱，通过春化阶段的幼苗较小，在 3～4 片叶，茎粗 0.4～0.6 厘米时，经过 30～40 天的低温可通过春化；而中晚熟品种有较强的冬性，通过春化所要求的幼苗较大，在幼苗茎直径0.6～1厘米，6～8片叶，遇40～60天和60～100天低温0℃～10℃才能通过春化。

为防止甘蓝未熟抽薹，以便顺利形成叶球，可采取以下措施：

(1)选择冬性较强耐低温的早熟品种　大面积种植前，应进行区域试验。未经试种的春季品种，应进行不同品种不同播期的小面积引种生产试验，以确定适宜的播种期及栽培措施。

(2)适时播种，加强苗期管理　具体的播期应根据当地当年的气象条件、品种特性、育苗方式而定。尽可能缩短日历苗龄(从播种出苗至移栽定植期间)，使日历苗龄为50天左右，形态上达到6～8片叶为最佳。另外在育苗前中期加强温度、光照、肥水管理，培育壮苗。育苗后期3～4叶之后至包球之前，应尽量避免环境温度在10℃以下，并适当提高白天的温度，促进营养生长。定植前10～15天要进行低温锻炼，白天温度保持在15℃，夜间6℃～8℃。在育苗期要控水控肥，一般不干不浇，浇水要选取晴天上午，每次浇七八成水即可。

(3)适期定植，加强田间管理　要适期定植，当5厘米土壤温度稳定在5℃以上，气温稳定在8℃以上时即可定植。缓苗后，要进行中耕蹲苗，使莲座叶长得壮而不旺，促进早包心，开始包心后，应及时结束蹲苗，加强肥水管理。如果遇严寒天气，可采取增加覆盖物、地膜覆盖等临时增温措施。控制肥水不可过勤，否则会使植株生长过旺，延迟结球，也易引起抽薹，特别是白天温度高，幼苗生长快，夜间温度低，更易促成未熟抽薹。

13. 怎样识别甘蓝夜蛾、斜纹夜蛾和银纹夜蛾?

主要以成虫、卵、老熟幼虫和蛹4个阶段识别。

(1)成虫　甘蓝夜蛾成虫棕褐色。前翅具有显著的肾形(斑内白色)和环状斑,后翅外缘具有一小黑斑。斜纹夜蛾成虫体暗褐色,胸部背面有白色丛毛,前翅斑纹复杂,最大的特点是在两条波浪状纹中间有3条斜伸的明显白色斜线,故名斜纹夜蛾。银纹夜蛾成虫前翅深褐色,有2条银色横纹,翅中央有一马蹄形银边褐斑和一近三角形银斑。

(2)卵　甘蓝夜蛾卵呈半球形,淡黄色,顶部具有棕色乳突,表面具有纵背和黄格。斜纹夜蛾卵为扁平的半球状,初产黄白色,后变为黑色,卵粒集结成3～4层的卵块,上覆黄褐色疏松绒毛。银纹夜蛾卵馒头形,白色至淡黄绿色,表面具网纹。

(3)老熟幼虫　甘蓝夜蛾老熟幼虫体长50毫米,头部黑褐色,胴部腹面淡绿色,背面具绿黄与棕褐两大色型,后者各节背面倒"八"字纹。斜纹夜蛾老熟幼虫头黑褐色,胸腹部颜色多变,背线橙黄色,中胸至第九腹节亚背线内侧各节有一近半月形或似三角形的黑斑;银纹夜蛾末龄幼虫体淡绿色,虫体前端较细,后端较粗,头部绿色,两侧有黑斑,胸足及腹足皆为绿色,第一、第二对腹足退化,行走时体背拱曲,体背及体侧具白色纵纹,气门线黑色。

(4)蛹　甘蓝夜蛾蛹长20毫米,棕褐色,臀刺2根,端部膨大。斜纹夜蛾蛹圆筒形,红褐色,腹部背面第四至第七节近前缘处各有1个小刻点。银纹夜蛾蛹初期背面褐色,腹面绿色,末期整体黑褐色,有粉白色薄茧。

14. 甘蓝夜蛾、斜纹夜蛾和银纹夜蛾在为害时期和主要习性上有何差异?

(1)甘蓝夜蛾　春秋两季发生猖獗。春季蜜源丰富为越冬代羽化成虫的食源,导致春季大发生。在春、秋季雨水较多的年份为害,具间歇性大发生和局部成灾的特点。成虫昼伏夜出,以晚上9～11时活动最盛。成虫对黑光灯和糖蜜气味有较强的趋性。喜在植株高而茂密的田间产卵，卵产于寄主叶背，在甘蓝、大白菜等结球蔬菜上，卵一般产于外层未包裹的老叶背面，卵单层成块。幼虫孵出后在卵块附近群集取食，四龄后白天多隐藏在心叶、叶背或寄主根部附近的表土中，夜间出来取食。在甘蓝、大白菜上为害的幼虫，三龄后大部分开始蛀食结球的嫩叶，并逐步蛀入心部为害。

(2)斜纹夜蛾　多在7～8月份大发生。成虫夜间活动，飞翔能力强，有趋光性，对糖醋液及发酵的胡萝卜、豆饼等有趋性。卵块多产于植株中部叶片叶脉分叉处，初孵幼虫群聚咬食叶肉，二龄后渐分散，仅食叶肉，四龄后进入暴食期，食叶呈现孔洞、缺刻，严重时可将全田作物吃光。老熟幼虫在1～3厘米表土内做土室化蛹，土壤板结时可在枯叶下化蛹。

(3)银纹夜蛾　每年春、秋与菜青虫、小菜蛾等同时发生，为害期呈双峰状，但虫口数量较低。成虫夜间活动，有趋光性，卵散产于叶背。初孵幼虫在叶背取食叶肉，残留上表皮，大龄幼虫取食全叶及嫩荚，有假死性，老熟幼虫多在叶背、土表吐丝、结茧、化蛹。

15. 怎样防治甘蓝夜蛾、斜纹夜蛾和银纹夜蛾?

防治方法：①清洁菜园，铲除杂草，翻耕晒土，及时把菜园的残株、落叶集中烧毁，可降低虫口密度。②用频振式杀虫灯、性信息素诱杀成虫。③防虫网覆盖，人工摘卵和捕捉幼虫。

八、绿叶菜类蔬菜病虫害

1. 怎样识别菠菜霜霉病？如何防治？

菠菜霜霉病主要危害叶片。初期病斑淡绿色，形状不规则，边缘不明显。病斑扩大后，相互连接成片，湿度大时，叶片背面病斑上产生灰白色霉层，后变为灰紫色霉层，该病害一般从外叶逐渐向内叶发展，从植株下部向上扩展，干旱时病叶枯黄，湿度大时多腐烂，严重的整株叶片变黄枯死。

防治该病应注意倒茬，忌连作，重病田实行 2～3 年轮作。冬前将土壤深翻晒垡。合理密植、科学浇水，防止大水漫灌，降低田间湿度，做到晴天浇水，雨天、阴天不浇水，不大水漫灌，浇水后及时松土，降低田间湿度。施肥以腐熟有机肥为主，化肥为辅，可有效提高植株抗病力。清洁田园，菠菜田内发现病株，要及时拔除，带出田外处理。

2. 菠菜炭疽病的症状是什么？如何防治？

菠菜炭疽病主要危害叶片及茎。叶片染病，初生淡黄色污点，逐渐扩大成具轮纹的灰褐色、圆形或椭圆形病斑，中央有小黑点。主要发生于茎部，病斑梭形或锤形，其上密生黑色轮纹状排列的小粒点。

防治方法：一是种植早熟品种。二是从无病株上选种。播种前种子用 52℃温水浸种 20 分钟，后移入冷水中冷却晾干播种。

三是与其他蔬菜进行 3 年以上轮作。四是合理密植，避免大水漫灌，适时追肥。五是清洁田园，及时清除病残体，带出田外烧毁或深埋。六是收获后及时清除植株残体，不要将病叶翻入土中。

3. 菠菜灰霉病的症状是什么？如何控制其危害？

菠菜灰霉病多在保护地发生，露地菠菜很少发病。主要危害植株下部叶片。发病初期出现浅褐色不规则斑点，后病斑扩展、湿润，并在叶背病斑上产生灰色霉层。湿度小时病叶正面出现黄褐色不规则斑，边缘有不明显晕圈，背面灰色霉层不明显。发病严重时病叶呈黑褐色，腐烂状，干燥条件下失水发黑，可见很多灰色霉状物。

防治方法：①选用耐湿品种。②加强田间管理，避免低温高湿条件出现是防治该病的关键措施。阴雨天及时短时间通风降湿。入冬季节低温晴天条件下，封闭大棚四周风口，提升棚温。合理施肥浇水，小水勤浇，忌大水漫灌，浇水后及时排湿，降低空气相对湿度，控制发病条件出现。③菠菜收获后及时清除病残体，集中烧毁或深埋。

4. 怎样识别菠菜病毒病？如何防治？

植株被害后，从病株心叶开始出现叶脉褪绿，以后心叶萎缩呈花叶，随后，有的叶片细小、畸形，或植株皱缩枝叶丛生，或叶片斑驳，叶缘卷曲，后期老叶过早枯死脱落或植株卷曲成一团。

防治方法：①选择通风良好、远离十字花科蔬菜、黄瓜、萝卜的地种植。②从无病株上采种。③适时播种，避免过早。④施足有机肥，增施磷钾肥。⑤遇到春旱或秋旱，应多浇水。⑥及时清除杂草。⑦田间铺、挂银灰膜条避蚜。

5. 怎样识别芹菜斑枯病?

芹菜斑枯病又称叶枯病、晚疫病,俗称"火龙"。主要危害叶片,有时茎和叶柄也会受害。一般从植株老叶开始发病,逐步发展到新叶上。病斑散生,且大小不等。初期为淡褐色小斑点,后扩大,外缘多为深红褐色,散生少量小黑点,中部褐色坏死。还有的中央呈黄白色或灰白色,边缘聚生很多黑色小粒点,病斑外常具1圈黄色晕环。叶柄或茎部染病,病斑褐色,长圆形稍凹陷,中部散生黑色小点。

防治方法:①基肥要多施有机肥,追肥时要增施磷、钾肥,做到平衡施肥,加强叶面追肥,增强植株的抗病性。②实行2～3年轮作;及时清洁田园,发病时要摘除病叶、脚叶,病残老叶要烧毁或集中深埋。③适当提早和延迟播种时间,应避开发病严重的夏秋季高温期。④保护地要及时降温、排湿,白天温度控制在15℃～20℃,夜间在10℃～15℃,缩小昼夜温差,减少结露,切忌大水漫灌。⑤播种时,新种子要用48℃～49℃温水浸30分钟,边浸边搅拌,后用冷水冷却,晾干后播种。

6. 怎样识别芹菜早疫病?

芹菜早疫病又称叶斑病,该病主要危害叶片,也可危害叶柄和茎。叶部病斑初为黄绿色、油渍状小斑点,后发展为近圆形或不规则形(不受叶脉限制)病斑,稍隆起,黄褐色或灰褐色,边缘不明显。发病严重时病斑连成片,最后叶片枯死。空气潮湿时病斑上密生灰白色绒状霉层。叶柄和茎上的病斑近椭圆形或条形,稍凹陷,潮湿时病斑上也长有灰白色绒状霉层,严重时病斑密布,可致叶柄或全株倒伏。

7. 如何防治芹菜早疫病和晚疫病?

基肥要多施有机肥,追肥时要增施磷、钾肥,做到平衡施肥,加强叶面追肥,增强植株的抗病性;实行 2～3 年轮作;及时清洁田园,发病时要摘除病叶、脚叶,病残老叶要烧毁或集中深埋;适当提早和延迟播种的时间,避开发病严重的夏秋季高温期;保护地要及时降温、排湿,白天温度控制在 15℃～20℃,夜间在 10℃～15℃,缩小昼夜温差,减少结露,切忌大水漫灌;播种时,新种子要用 48℃～49℃温水浸 30 分钟,边浸边搅拌,后用冷水冷却,晾干后播种。

8. 芹菜烧心的原因是什么? 如何防治?

常见的芹菜烧心,即芹菜心叶腐烂坏死的症状,一般有 2 种情况。一种可能是由细菌引起的软腐病,另一种可能是因缺钙或缺硼而导致的生理性病害。其中软腐病在生产中最为常见。

芹菜软腐病又叫腐烂病,一般先从柔嫩多汁的叶柄开始发病,发病部位腐烂并发臭。发病初期叶柄基部出现水渍状纺锤形或不规则形凹陷病斑,以后病斑呈黄褐色或黑褐色腐烂并发臭,干燥后呈黑褐色,最后只剩维管束,严重时生长点烂掉,甚至全株枯死。因缺钙或缺硼而导致的生理性病害,发病部位一般较干燥,不会有臭味。因缺钙发病的芹菜首先是心叶叶脉间变褐,后叶缘细胞逐渐死亡,呈黑褐色。芹菜缺硼时,是先由幼叶边缘向内逐渐褐变,最后心叶坏死。

防治芹菜软腐病应从以下几方面入手:

第一,发病田块应与豆类、麦类、水稻等作物实行 2～3 年的轮作，并深翻晒田；清除田间病残体，精细翻耕整地，暴晒土壤，促进病残体分解；定植、松土或锄草时避免伤根，及时防治害虫，减少虫伤口；多雨低温地区实行高畦深沟栽培，雨后及时排水，发病期少浇水或暂停浇水，更不要大水漫灌；增施基肥，施用净肥，及时追肥，使植株生长健壮；发现病株后及时挖除，撒石灰消毒病穴。

第二，对于缺钙引起的烧心，应注意控制环境温度，并保持土壤湿润。对酸性土壤要施入石灰，调节土壤酸碱度至中性或偏碱性。叶面喷施 0.3%～0.5%氯化钙或硝酸钙水溶液，每 7 天喷 1 次，连续喷 2～3 次。

第三，对于缺硼土壤可以多施有机肥，能提高土壤供硼能力。每 667 平方米可施硼砂 1 千克左右，以补充硼的不足，避免出现烧心症状。当出现缺硼症状时，也可用 0.1%～0.3%硼砂水溶液喷施植株。

9. 棚室芹菜腐烂并长灰色绒毯状霉是怎么回事？在什么情况下发生严重？

棚室芹菜腐烂并长灰色绒毯状霉是灰霉病所致。芹菜灰霉病一般为局部发病，初期多从植株有结露心叶、或下部有伤口的叶片、叶柄或枯黄衰弱的外叶侵入，为水浸状，后病部软化、腐烂或萎蔫，病部长出的灰色霉层就是病菌的分生孢子及分生孢子梗，严重时可使整株腐烂。该病在棚室气温 20℃左右，空气相对湿度持续 90%以上的多湿条件下易发病。

10. 防治芹菜灰霉病的有效措施有哪些？

实行轮作换茬；及时摘除病叶、病茎、减少田间菌量；加强棚（室）通风变温管理，尽量增加光照。晴天上午晚通风，使棚（室）温度迅速升高，当棚温升至 33℃时，再开始通风，使棚温保持在 20℃～25℃。当棚温降至 20℃时关闭通风顶，以减缓棚（室）温度迅速下降。夜间棚温保持 15℃～17℃，阴天打开通风口换气。浇水宜在上午进行，一般发病初期应适当节制浇水，浇小水。浇后加强管理，以防结露。

11. 怎样识别芹菜病毒病？如何防治？

芹菜病毒病苗期至成株期均可发病，以苗期和生长前期受害最重。苗期发病，叶片皱缩，呈现黄绿色斑纹或边缘明显的黄色、淡绿色环形放射状病斑，严重时全株叶片停止生长，或黄化、矮缩。

防治芹菜病毒病主要是防治蚜虫，在有翅蚜发生盛期，可设置黄色黏板诱杀。在芹菜苗期，用银灰色反光膜避蚜。其次要加强水肥管理，以提高植株的抗病力。其他方法可参阅番茄病毒病。

12. 莴笋、莴苣霜霉病有什么特点？如何防治？

从幼苗至成株均可发生，以成株期危害最重。主要危害叶片。发病首先在植株近地面的叶片，然后逐渐向上蔓延，起初叶片产生淡黄色近圆形病斑，病斑扩大时受叶脉限制呈多角形或不规则形，叶背面病斑上生有白色霉层，严重时病斑连接成片，导致全叶变黄枯干，潮湿时病叶腐烂。该病菌还可侵染茼蒿、生菜、菊苣、油麦菜等菊科蔬菜，症状基本相同。

防治方法：一是实行 2～3 年轮作，可与豆科、百合科、茄科蔬菜轮作；二是选用抗病品种，凡植株带紫红色或深绿色的品种表现抗病，如红皮莴笋、尖叶子、青麻莴苣；三是合理密植，增加中耕次数，降低田间湿度；四是实行沟灌，避免漫灌，加强排水，避免田间积水或过湿。五是拔除病株，及时打掉病老叶片并烧毁，收获后清除田间病残体集中烧毁或深埋。

13. 怎样识别和防治莴笋、莴苣菌核病？

该病多发生在近地面茎基部。发病初期病部呈褐色、水渍状，迅速向茎上部、叶柄和根部扩展，使病部组织腐烂，表面密生白色棉絮状菌丝体，后逐渐变成黑色鼠粪状菌核。病株地上部叶片迅速萎蔫枯死。

防治方法主要是加强田间管理。

第一，可与百合科蔬菜或花生、甘薯、棉花等作物实行 3 年以上轮作。

第二，种子处理可用 10%食盐水、或 10%～20%硫酸铵水或泥水漂除菌核选留无菌种子，清水洗净后播种。

第三，收获后进行 1 次深耕，使多数菌核埋在 6 厘米土层以下。在整地前对田间灌水可使菌核死亡。移栽后覆盖双色地膜（下面为黑色，上面为白色或银灰色），将出土的子囊盘阻断在膜下，使其得不到充足的散射光，阻隔子囊孢子飘散，减少田间病害初侵染源。如果是保护地栽培，利用核盘菌分生孢子在 33℃以上侵染缓慢或处于休眠状态的特性，于晴天中午关闭大棚或温室风口，使植株间温度升高至 35℃～38℃，持续 2～3 小时，然后通风，降温排湿，每周 2～3 次。此法对于防治其他低温高湿病害（如灰霉病等）也有显著控制作用。

第四，要避免偏施氮肥，增施磷、钾肥。勤中耕除草。在子囊盛期中耕，有杀灭病原菌作用。及时清除病残株及下部病叶。发现病株立即拔除并撒少量石灰。有条件的地区可推广膜下滴灌技术。

14. 芦笋茎枯病的发生特点是什么？如何防治？

芦笋茎枯病主要危害茎秆和枝条。发病初期为水渍状小斑点，呈梭形或椭圆形，以后逐渐扩大成边缘红褐色、中间灰白色不规则形病斑，其上密生黑色小粒点，呈同心轮状或不规则排列。高温、潮湿条件下，病斑迅速扩展深入至髓部，致使病斑上部茎秆枯死。拟叶和小枝上发病，先出现褪色小点，而后迅速扩大，包围小枝，致使拟叶迅速枯死。

防治芦笋茎枯病可采取以下措施。

第一，种植芦笋以砂壤土为宜，要求有机质含量高、排水良好、地下水位低、耕层较深的田块。

第二，早春先采收绿笋，在采笋期间根据芦笋种植年限，每穴留 1～3 根健壮茎进行光合作用，同时合理延长采收期，适当推迟留母茎的时间，提高植株抗病力。

第三，收获时沿土表割除，将枯老病残株深埋或烧毁，并清除杂草，减少田间病菌。

第四，控制田间群体结构和合理密植有利于田间通风透光，一般以每 667 平方米栽 1 500 株为宜。及时整枝，每穴秋茎数 15 根左右，植物高度控制在 1.5 米以内，能降低田间湿度、减少发病、保证产量。

第五，芦笋施肥做到前稳后发，不偏施速效氮肥，增施磷、钾肥，重点结合停采退土追施秋肥，以腐熟有机肥为主。采前和采中适当追施速效肥，每 667 平方米施复合肥 10～15 千克。

15. 如何预防茼蒿细菌性萎蔫病？该病的典型症状是什么？

茼蒿细菌性萎蔫病又称细菌性疫病，发病初期 1 个或几个分枝呈现灰绿色，中午萎蔫，早、晚可恢复，茎易捏扁。后生长点变色，渐干枯。剖开病茎，维管束、髓部变褐腐烂，轻者仅下部叶片坏死干枯，严重的全株枯萎。

防治方法：与非菊科作物进行 3 年以上轮作；定植时秧苗可用 72%农用硫酸链霉素可溶性粉剂 1 000 倍液浸泡 4 小时，然后定植；施用腐熟有机肥，增施磷、钾肥；雨后及时排水；田间操作，尽量减少伤口；发现病株及时拔除。

16. 茼蒿炭疽病的症状及发病规律是什么？如何防治？

茼蒿炭疽病主要危害叶片和茎。叶片被害，开始产生黄白色的小斑点，后扩展成圆形或近圆形褐斑，边缘稍隆起。茎被害，出现纵裂、凹陷、呈椭圆形或长条形的病斑，病斑绕茎一周后，病茎褐变收缩，致病部以上或全株死亡。在湿度大的条件下，病部表面常常分泌出粉红色黏质物。

病菌以菌丝体或分生孢子随病残体在土壤中越冬，也可附着在种子上越冬，翌年分生孢子盘产生分生孢子，成为初侵染源。分生孢子通过雨水或灌溉水或棚、室内的滴水传播到菜株上，一般下部叶片先发病。此外，种子萌发后病菌可直接侵染子叶，引起幼苗发病。温暖多湿有利于该病的发生流行，施氮肥过多过重、植株长势过旺或反季节栽培发病重。

防治方法：注意适当密植，清沟排渍，施用日本酵素菌沤制的堆肥或腐熟有机肥，每 667 平方米施圈肥 4 000～4 500 千克，避免偏施过施氮肥，使植株壮而不过旺，稳生稳长，增强抗病力；植株生长期喷施植宝素、增产菌等生长促进剂做根外施肥，可促进植株早生快发，减轻发病。

17. 茼蒿病毒病是怎样发生的？如何防治？

茼蒿病毒病由菊花 B 病毒(CVB)和黄瓜花叶病毒(CMV)单独或复合侵染引起。全株受害。病株矮缩，叶片呈轻花叶或重花叶，褪绿或叶色深浅不均，呈斑驳或皱缩状。对于该病的防治主要是抓好蚜虫防治。

18. 茼蒿菌核病的典型症状是什么？如何防治？

该病主要发生在茼蒿茎基部，苗期和成株期均可发病。发病初期呈水浸状褐色腐烂，湿度大时，病部表面长出白色菌丝体，后期形成菌核，菌核初白色，后变为鼠粪状黑色颗粒状物，致植株倒折或枯死。防治方法同莴苣菌核病。

19. 苋菜白锈病症状特点是什么？如何防治？

苋菜白锈病主要危害叶片，初为不规则褪绿斑，在叶背面生圆形至不定型白色疱状孢子堆，疱状孢子堆破裂散出白色孢子囊。严重时疱斑密布叶上或连合，叶片凹凸不平，枯黄脱落。茎秆被害时肿胀畸形，比正常茎增粗 1～1.5 倍。

防治方法：选用无病种子。在播前先在阳光下晒 1～2 天以杀灭种子表皮杂菌，提高发芽势；与禾本科作物轮作，如水稻轮作效果较好,可减轻发病;及时清除病枝叶和病株残体,减少侵染源,并注意田间排渍,合理密植和施肥。

20. 绿叶类蔬菜受灯蛾为害后会出现什么症状?如何防治?

一般为害绿叶菜的是红腹灯蛾,以幼虫取食蔬菜的叶片,严重时仅存叶脉。也可为害花与果实。

防治红腹灯蛾主要从以下几方面入手:一是冬季铲除田间地头杂草,并冬耕冬灌,以消灭越冬蛹;二是成虫发生期用黑光灯诱杀成虫;三是卵期及时摘除卵块或群集有初孵幼虫的叶片销毁。

21. 蜗牛在绿叶类蔬菜上是怎样为害的?如何防治?

常见的有灰巴蜗牛和同型蜗牛 2 种。灰巴蜗牛取食作物的茎叶、幼苗,严重时造成缺苗断垄。同型蜗牛初孵幼螺只取食叶肉,留下表皮,稍大个体则用齿舌将叶、茎舐磨成小孔或将其吃断。

防治蜗牛可通过深翻晒土,将卵翻出地表暴晒而死亡,减轻为害;利用蜗牛夜出活动的习性,夜间将菜叶放在菜株附近,上面撒些饼粉或玉米粉,天亮前将虫体集中捕杀,或利用雨后活动的习性进行人工捕杀。

九、根菜类蔬菜病虫害

1. 怎样识别萝卜霜霉病？在什么条件下萝卜霜霉病发病最严重？如何防治？

萝卜霜霉病在萝卜的整个生育期及贮藏期均可发生。从植株下部向上扩展，叶面初显不规则形褪绿黄斑，后渐扩大为多角形黄褐色病斑，大小为3～7毫米，湿度大时，叶背或叶两面长出白霉，即病原菌繁殖体，严重的病斑连片致叶片干枯。茎部染病，显黑褐色不规则状斑点。种株染病，种荚多受害，病部呈淡褐色不规则斑，上生白色霉状物。地下根部被害，出现灰黄色至灰褐色的斑痕，贮藏期根部易引起腐烂。萝卜霜霉病发病条件同白菜霜霉病。防治方法：可选用抗病品种，如鲁萝卜1号、红丰2号、桥红1号、通圆红1号。适期播种，不宜过早。其余防治方法可参照白菜霜霉病。

2. 怎样识别萝卜黑斑病和白斑病？如何防治？

萝卜白斑病、黑斑病主要危害叶片。白斑病发病初期在叶片散生灰白色圆形斑，扩大后呈浅灰色圆形或近圆形，直径2～6毫米，病斑周缘有深绿色晕圈，严重时病斑连成片，引起叶片枯死，病斑不易穿孔，生育后期病斑背面长出灰色霉状物。

黑斑病在叶面初生黑褐色至黑色稍隆起的小圆斑，后边缘扩大呈苍白色、中心部淡褐色至灰褐色的病斑，直径 3～6 毫米，同心轮纹不明显，湿度大时病斑上生淡黑色霉状物，病部发脆易破碎，发病重时，病斑汇合，致叶片局部枯死。采种株的叶、茎、荚均可发病，茎及花梗上病斑多为黑褐色椭圆形斑块。

两种病害的防治主要从以下几方面入手：一是选用抗病品种，青皮品种较白皮品种抗病，一般杂交种较抗病。二是与非十字花科蔬菜实行 2 年以上轮作。三是可用 50℃温水浸种 20 分钟，在冷水中降温后播种。四是高垄栽培，精细整地，避免早播，施足基肥，增施磷、钾肥，合理灌水，雨后及时排水。五是收获后彻底清洁田园，深翻土壤，压埋病残体。

3. 怎样识别萝卜炭疽病？该病是怎样侵染传播的？如何防治？

萝卜炭疽病在秋萝卜和春萝卜采种株上均可发生，主要危害叶片、茎部或果荚。叶片发病，初呈针尖大小的水浸状斑点，很快扩大为 2～3 毫米的褐色小斑，条件适宜时多个小斑汇合，形成不规则形、深褐色的较大病斑。严重时，叶片病斑开裂或穿孔，导致叶片黄枯。采种株受害，茎部和荚上产生近圆形至梭形病斑，颜色稍深，稍有凹陷。湿度大时，病部产生淡红色黏质物。

病菌以菌丝体和分生孢子在种子或病残体上越冬，翌年环境条件适宜时，孢子萌发侵入危害。田间分生孢子通过雨水冲刷或雨滴飞溅传播蔓延，进行反复再侵染。高温、高湿利于该病的发生。病菌最适发育温度为 26℃～30℃。若秋季高温、多雨发病重。

防治方法：种子可用 50℃温水浸种 20 分钟后，移入冷水中冷却，晾干后播种。适期晚播，避开高温多雨的早秋病害易发期。雨后及时排水。

4. 萝卜黑腐病的症状是什么？该病是怎样侵染传播的？

萝卜黑腐病俗称黑心病、空洞病、黑菜头等，是由细菌侵染引起维管束坏死变黑的一类病害。主要危害叶和根。幼苗染病，子叶呈水渍状，变黄枯死，真叶叶脉上出现小黑斑或细黑条。成株期发病，叶缘出现"V"形黄褐色病斑，叶脉变黑，叶缘变黄。肉质根被害，导管变黑，内部组织干腐，严重时菜头内部变黑心、腐朽或空洞，外部症状则不明显。田间多并发软腐病，终成腐烂状。

病原细菌在种子或土壤里及病残体上越冬，播种带菌种子，病菌随着种子萌芽即染病，导致幼苗不能出土，或虽能出土，出土后不久即死亡。在田间主要由虫伤或农事操作造成的伤口侵入，借助雨水、灌溉水传播蔓延。病菌侵入伤口后，经由维管束向上下扩展，形成系统侵染。黑腐病菌生长适温度为25℃～30℃，高温多雨、湿度大、粪肥少或未腐熟及虫害发生严重的环境条件下，该病发生重。

5. 怎样识别萝卜软腐病？该病的传播途径是什么？

萝卜软腐病主要危害根茎、叶柄或叶片。根部染病常始于根尖，初呈褐色水浸状软腐，后逐渐向上蔓延，使根变软腐烂，继而向上蔓延使心叶变黑褐色软腐，烂成黏滑的稀泥状。叶柄或叶片染病亦先呈水浸状软腐，遇干旱后停止扩展，根头簇生新叶。病健部界限明显，发病部位常有褐色汁液渗出。采种株染病，心髓部溃烂或仅剩空壳，外表基本正常，植株所有发病部位均发出一股难闻的臭味。

病原菌随带菌的病残体、土壤、未腐熟的农家肥以及越季病株等越冬。在生长季节病原菌可通过雨水、灌溉水、肥料、土壤、昆虫等多种途径传播，由伤口或自然裂口侵入，可发生多次侵染。

6. 如何防治萝卜细菌性病害？

防治萝卜细菌性病害的措施如下。

(1)种植抗病品种　应先进行试种或进行抗病性鉴定，予以确认，并注意对其他病害的兼抗性。抗病品种有：丰克 1 号、冬青 1 号、鲁萝卜 3 号、丰光一代萝卜、桥红 1 号、石家庄白萝卜、秦菜 1 号、秦菜 2 号、杂选 1 号等。

(2)种子处理　种子先用冷水预浸 10 分钟，再用 50℃热水浸种 30 分钟，或 60℃干热灭菌 6 小时。

(3)加强栽培管理　与非十字花科蔬菜轮作 2 年，避免连作。清洁田园，及时清除病残体，秋后深翻，促进病残体分解。适时播种，避免因早播造成包球期的感病阶段与雨季相遇，避免在低洼黏重土地上种植萝卜，不要大水漫灌，雨后排水，降低土壤湿度，多雨地区应高垄栽培。增施基肥，施用净肥，及时追肥，使植株生长健壮。及时防治地下害虫、黄条跳甲、菜青虫、小菜蛾以及其他害虫，减少传菌介体，减少虫咬伤及农事操作造成的伤口。发现病株后及时挖除，病穴撒石灰消毒。

7. 萝卜病毒病有什么症状？其主要的传播途径及最适发病条件是什么？

萝卜感染病毒病后叶片呈深浅不均的花叶状，早发病的植株明显矮缩，叶片皱缩，凹凸不平。有的病叶沿叶脉产生耳状突起。迟发病的，心叶表现明脉，或花叶斑驳皱缩。

萝卜病毒病由芜菁花叶病毒（TuMV）、黄瓜花叶病毒（CMV）、耳突花叶病毒（REMV）侵染引起。三种病毒均可摩擦汁液传毒。芜菁花叶病毒和黄瓜花叶病毒在田间主要由有翅蚜传播；萝卜耳突花叶病毒由黄条跳虫甲传毒。天气炎热干旱，土壤水分不足，地温高，植株长势弱以及有翅蚜发生量大发病重。

8. 如何防治萝卜病毒病？

栽培抗病品种，一般青皮系统及一代杂交种较抗病；秋茬萝卜干旱年份不宜早播，应适时播种，错过高温季节；高畦直播，苗期多浇水，降低地温；适当晚定苗，选留无病株；与大田作物间套种，可明显减轻病害；苗期防治蚜虫和黄条跳虫甲。

9. 怎样识别萝卜根结线虫病？如何防治？

萝卜根结线虫病发病初期从地面上部看不出异常，后受害株生长衰弱，叶片不舒展，叶小且发黄。直根上散生许多膨大为半圆形的瘤，侧根上生结节状不规则的圆形虫瘿，直根分叉，瘤初为白色，后褐变，生于近地面5厘米处。

防治方法：主要是实行轮作与晒土，加强田间管理。与水稻进行水旱轮作能有效减少土壤中线虫基数；在种植萝卜时，提前0.5～1个月翻耕土壤，把含线虫的土层翻至表面，日晒风干，可大量杀死线虫，减轻发病；管理上要注意及时清除病残根，减少虫源；增施有机肥和合理灌溉，促进新根生长，以增强植株抗病和耐病能力。

10. 萝卜为什么会出现糠心？

萝卜糠心是指萝卜在采收时拔起来手感较轻，切断萝卜发现肉质不均匀，而且有一个个白色的泡眼的现象。萝卜生长期和贮存期均可发生。其直接原因是水分失调。糠心与品种、播种期、栽培条件等密切相关。凡肉质根致密程度差、生长快、细胞中糖分含量小的大型品种均易出现糠心；播种不适，在肉质根生长盛期遇高温干旱，细胞迅速膨大，则植株呼吸作用和蒸腾作用旺盛，水分消耗过大，肉质根部分薄壁细胞便会缺乏营养和水分而处于饥饿状态，细胞间产生间隙，因而出现糠心；栽培在轻沙土的萝卜比在半泥沙土、壤土中栽培的萝卜易出现糠心；株行距过大，也会糠心；氮肥过多，地上部分与地下部分比例失调，地上部分生长迅速，消耗养分多，不能有大量的光合产物输往肉质根，造成肉质根中糖分不足也会形成糠心；浇水不均匀，特别是肉质根膨大初期，土壤湿度过大，到膨大后期又过于干旱，会出现糠心；贮藏时，覆土过干，坑内湿度过低，都可造成糠心；其他如早期抽薹、延迟收获或贮藏在高温场所，也会使萝卜失去大量水分而糠心。

11. 萝卜叉根是怎样产生的？

萝卜肉质根上有两列侧根，正常栽培条件下侧根的功能是吸收水分和养分，不会膨大，如果在发育初期，萝卜主根生长点受到损坏或阻碍，就会导致侧根肥大，肉质根分叉、开裂或形成各种类型的畸形。雨水大或灌水过多、土壤板结，使土壤耕作层坚硬，土壤耕层过浅或根下有硬石块，施用未腐熟的有机肥或施肥不匀时，使主根生长点受到损伤，侧根便会由吸收根变成贮藏根，从而形成叉根。此外，种子贮藏过久，特别是贮藏在高温高湿条件下，萝卜的胚根受损伤，或者因雨涝、中耕、移植、病虫危害等原因损伤了主根也会产生叉根。

12. 萝卜裂根的原因是什么?

萝卜裂根有多种现象,有的沿着肉质根纵向开裂,有的在靠近叶柄处横向开裂,也有的在根头处呈放射状开裂。肉质根的破裂与土壤水分有关,是肉质根生长过程中土壤忽干忽湿,水分供应不均造成的。肉质根开始膨大时,遇上高温干旱天气,土壤水分蒸发量大,土壤含水量降低,水分供应不足,且持续时间较长,使肉质根膨大受到抑制,周皮层组织硬化,在这种情况下,突然降大雨或浇大水,内部薄壁细胞急骤膨大,而已经硬化的周皮层细胞不能相应膨大而开裂,造成肉质根的破裂。

13. 苦味、辣味萝卜的形成原因是什么?

萝卜的苦味是由苦瓜素积累造成的。苦瓜素是一种含氮的生物碱。萝卜在生长发育过程中天气炎热或施用氮肥过多而磷、钾肥不足时,肉质根易产生一种含氮的碱性化合物,即苦瓜素,使萝卜出现苦味。

萝卜的辣味是由于肉质根中芥辣油含量过高所致。其含量适中时,萝卜风味好,含量过多则辣味加重。如果气候炎热,播种过早,肥水不足,土壤瘠薄,过度干旱及发生病虫害等,使萝卜植株生长不良,肉质根不能充分肥大,则芥辣油含量增加,辣味就浓。

14. 如何生产高品质的萝卜?

要生产高品质的萝卜需抓以下 8 个环节。

第一,选用优良品种。选择中小型、抽薹晚、抗旱的萝卜品种不易糠心;一般入土较浅的品种不易发生畸形根;白皮或白绿皮品种辣味和苦味较轻。

第二，选择土层深厚、疏松肥沃、排灌方便的沙质壤土种萝卜。

第三，掌握各个品种的特性，特别是成熟迟早的特性，选择在最适宜的季节播种。

第四，精耕细作，深翻暴晒，加深活土层，土壤要整平整细，不留坷垃，消除砖头瓦块。用当年采收的新种子，不用陈种子。采用直播，不育苗移栽。

第五，合理施用肥料。用腐熟的人、畜粪肥，每 667 平方米 1 500～2 000 千克作基肥，适当增施磷、钾肥，萝卜从“露肩”或“露白”即有萝卜稍露地面时，追施以草木灰为主的含钾多的有机肥。在肉质根形成初期，可在叶面喷洒 5%蔗糖溶液或 5 毫克/千克硼砂溶液，每 7～10 天喷 1 次，喷 2～3 次；对连年出现空心的土块，可结合培土，每 667 平方米施硼酸或硼砂 0.5～1 千克，并在直根膨大期用 0.2%～0.5%硼酸或硼砂溶液叶面喷施，每 3～4 天喷 1 次，连喷 3～4 次。严禁后期施尿素。

第六，合理浇水。使土壤保持均匀的湿润状态，防止忽干、忽湿或过干、过湿。特别是蹲苗结束后开始浇水时，不要浇得过多；生长前期温度高，干旱时要及时浇水。另外，在肉质根迅速膨大期要均匀供水。

第七，及时防治病虫害，创造良好的生长条件，保证植株生长健壮。

第八，适时收获，冬贮时窖温保持在 1℃～2℃，湿度适中，既保证萝卜不失水又不腐烂，能正常越冬不受冻害。

15. 胡萝卜为什么出苗慢？怎样保证全苗？

胡萝卜种皮中含有精油，不利于种子吸水，播种后出苗慢、出苗率低、出苗不整齐。

要保证全苗需注意以下几点：

第一，购种时尽量选用经过处理的光籽，而且最好是当年的新种子，如果是毛籽，播种前先把种子刺毛搓掉，以利于种子吸水发芽，好出苗。

第二，施足基肥，每 667 平方米施腐熟优质有机肥 2 500 千克以上，三元复合肥 50 千克以上，同时防治好地下害虫。

第三，播种前要细致整地，细翻细耙，耙平整。播种后踩格子盖土的厚度为 1.5～2 厘米。盖土后再踩上格子。

第四，造墒播种。如果播种前土壤干旱，应先灌水造墒后再整地做畦，随后播种，种后用六齿耙浅耙盖种。播种后干旱要浇水润透播种层土壤，保持土壤湿润。

第五，播种时混播少量的白菜籽或油菜籽，白菜或油菜出苗快，对胡萝卜起遮荫、保湿、促进出苗作用；播种后在畦面覆盖适量的短麦秸，既可保墒出苗，又可防止下雨土壤板结。

16. 胡萝卜出现畸形根的原因是什么？

胡萝卜的畸形根常见有分叉、裂根、弯曲、瘤状突起、青肩、长须根及颜色变异等。胡萝卜肉质根的形成要求有良好的土壤条件与气候条件，如果耕作层太浅，土壤粗糙且有石块，易产生瘤状突起，造成须根、分叉。生育期间水分不均匀，忽干忽湿，易导致裂根增加。耕层太浅，根膨大期不注意培土，容易产生根顶部青肩，播期太晚，使肉质根膨大期在 7～8 月份高温期，导致胡萝卜素、茄红素的积累受阻，产生颜色变异，发白或发黄。防治方法参照优质萝卜生产方法。

十、葱蒜类蔬菜病虫害

1. 怎样识别葱蒜类蔬菜紫斑病？该病是如何发生的？什么情况下发病最重？

紫斑病在大葱上主要侵害叶片和花梗，在圆葱和大蒜上还可侵害鳞茎，导致软腐、皱缩。发病初期呈水浸状白色小斑点，病斑扩大后形成椭圆形或纺锤形凹陷斑，先为淡褐色，随后变为褐色至青紫色，周围具有黄色晕圈。并形成同心轮纹，湿度大时斑上产生黑褐色霉状物。严重时，可使病叶、花梗变黄枯死或折断。鳞茎多在颈部发病，病部皱缩，变成淡红色或黄色，潮湿时也发生霉状物。该病特征是病斑呈纺锤形，上部及下部细长，病斑颜色较深，很少发生全叶枯死，可以此与霜霉病相区别。

此病是由半知菌亚门葱格孢菌侵染引起。病菌以菌丝体在寄主体内或随病残体在土壤中越冬，种子也可带菌。翌年分生孢子借气流和雨水传播，由气孔或伤口侵入，病菌分生孢子萌发、侵入，需温暖高湿及有雨水或露水。发病最适宜的温度 25℃～27℃，12℃以下不发病。一般温暖多湿、连阴雨天、缺肥、干旱、植株生长衰弱和葱蓟马造成伤口时发病严重。

2. 如何防治葱蒜类蔬菜紫斑病？

选用无病种子和进行消毒处理，从无病地块选留葱种，种子可用 40℃～50℃温水浸泡鳞茎 90 分钟，晾干后播种；加强田间管理，与非葱蒜类蔬菜实行 2 年以上轮作；选择排水良好的地块种植;施足基肥,增施磷、钾肥;及时清除病株、病叶深埋或烧毁,收获后要及时清除田间病残植株,减少菌源;收获时注意保护鳞茎,尽量减少伤口;收获后剔除有病鳞茎,适当晾晒至鳞茎外部干燥,然后放在通风处贮藏。

3. 怎样识别葱蒜类蔬菜锈病?该病是如何侵染传播的?

葱蒜类蔬菜锈病主要侵染叶片、花梗、茎、假茎。发病初期,病部产生褪绿斑点,后在表皮下形成圆形或椭圆形稍凸起的夏孢子堆,表皮破裂后散出橘黄色粉末,即夏孢子。严重时病斑相连,导致全叶枯黄,植株提前枯死。生长后期,夏孢子堆变为黑褐色的冬孢子堆。

在北方该病以冬孢子在病残体上越冬。南方以夏孢子在葱蒜韭菜等寄主上辗转危害。翌年,夏孢子随气流传播进行初侵染和再侵染。

4. 怎样防治葱蒜类蔬菜锈病?

防治锈病的主要方法是:选用抗锈病的品种,如紫皮蒜、小石口大蒜;提高土壤肥力,多施磷钾肥,增强植株的抗病能力;避免葱蒜混种或在附近种植葱蒜类蔬菜;尽量减少灌水次数,坚决杜绝大水漫灌。大棚栽培要注意保温除湿,控制发病条件。

5. 怎样识别葱蒜类蔬菜霜霉病?该病的侵染传播途径是什么?如何防治?

葱蒜类蔬菜霜霉病主要危害叶及花梗。花梗上初生黄白色侵染斑，纺锤形或椭圆形，其上产生白霉，后期变为灰白色、紫黄色或暗紫色。中下部叶染病，病部以上易折断枯萎。假茎染病多破裂、弯曲。鳞茎染病，病株矮缩，叶畸形或扭曲。湿度大时，表面生白霉。洋葱霜霉病的症状与大葱相似，叶片发病初期为淡绿色长椭圆形病斑，严重时波及上半叶，植株发黄或枯死，病斑呈倒“V”字形，湿度大时，病部长出白色至紫灰色霉层。

大葱、洋葱霜霉病由鞭毛菌亚门霜霉属葱霜霉菌侵染。以卵孢子在感病植株、种子和土壤中越冬。翌年春天萌发，从大葱、洋葱的气孔侵入。湿度大时，病斑上产生孢子囊，借气流、雨水、昆虫等传播，进行再侵染。发病适温为13℃～18℃，空气相对湿度为90%以上。一般地势低洼，排水不良，重茬地发病严重，阴凉多雨或有大雾天气容易流行。

防治方法：①选择地势较高、排水方便的地块种植，并与葱类以外的作物实行2～3年轮作；②选用抗病品种。一般红皮和黄皮品种较抗病。用50℃温水浸种25分钟后再浸入冷水中，捞出晾干后播种；③加强田间管理，特别是中后期的肥水管理，促使植株生长健壮，增强抗病力。彻底清除病残株，带出田外深埋或烧毁，减少菌源。

6. 怎样识别葱蒜类蔬菜菌核病？该病是怎样侵染传播的？如何防治？

大葱、洋葱菌核病发病初期叶和花梗先端变黄，逐渐向下扩展，后枯死下垂，病部变为灰白色，剥开病叶可见白色絮状菌丝，后形成白色至黑色不规则形菌核，有时多个菌核黏成一片。

大蒜菌核病危害假茎，初期发病病部水渍状，以后病斑变暗色或灰白色。湿度大时，病部变软腐烂，发出强烈的蒜臭味，表面长出白色棉絮状菌丝。叶鞘腐烂后，上部叶片逐渐黄化枯死，蒜根须、根盘腐烂，蒜头散瓣，后期病部形成不规则形黑褐色菌核。

防治方法：①实行与水生作物轮作，夏季把病田灌水浸泡15天，或收获后及时深翻，深度要求达到20厘米，将菌核埋入深层，抑制子囊盘出土；②采用配方施肥技术，增强寄生抗病力；③播前用10%盐水漂种2～3次，汰除菌核，或采用紫外线塑料膜，可抑制子囊盘及子囊孢子形成。也可采用高畦覆盖地膜抑制子囊盘出土释放子囊孢子减少菌源；④棚室上午以闷棚提温为主，下午及时通风排湿，发病后可适当提高夜温以减少结露，早春日平均温度控制在29℃～31℃高温，空气相对湿度低于65%可减少发病，防止浇水过量，土壤湿度大时，适当延长浇水间隔期。

7. 韭菜长白霉是什么原因？如何防治？

韭菜长白霉一般是感染了疫病所致。韭菜的根、茎、叶、花等部位均可染病，特别是假茎和鳞茎受害最重。该病多由下向上发展。叶或花薹染病，初呈暗绿色水浸状病斑，很快病部失水缢缩，全叶变黄、下垂、腐烂。假茎受害，呈水浸状浅褐色软腐，叶鞘容易脱落。鳞茎及根部被害时，呈水浸状浅褐色软腐，根毛明显减少，影响养分吸收与积累。湿度大时，病斑上可见灰白色霉层。

防治方法：①选用直立性强，生长健壮的优良抗病品种；②实行轮作，减少病源。一般4～5年换1茬，可减轻病害发生；③加强肥水管理。韭菜是多年生蔬菜，要注意增施有机肥，合理灌水。进入高温雨季气温高于32℃，尤其要注意暴雨后及时排除积水，雨季应控制浇水，严防田间湿度过高。棚室保护地栽培，要注意及时通风，防止湿度与昼夜温差过大；④不论保护地还是露地栽培收获后要及时清洁田园，清除病叶残株及杂草，并将它们带出田外集中深埋或烧毁。

8. 怎样识别葱蒜类蔬菜疫病？该病的最适宜发病条件及传播途径是什么？如何防治？

蔬菜疫病主要危害假茎和鳞茎，叶片、花薹、根也可被害。患部初呈青白色水渍状斑，当病斑扩展到叶片的1/2时，呈湿腐，叶、薹下垂。鳞茎受害，根盘处呈水渍状浅褐色至暗绿色腐烂。根部受害，根毛少，变褐腐烂。湿度大时，病部长出白色棉毛状霉层。

该病发生的最适宜发病温度为25℃～32℃、空气相对湿度为95%以上。连作、地势低洼积水、土壤黏重等发病重。病菌以菌丝体和厚垣孢子在病株地下部分或土壤中越冬，翌春条件适宜时病部产生孢子囊和游动孢子借风雨和灌溉水传播，进行初侵染和再侵染。

9. 韭菜叶片上为什么会出现白色或灰白色斑点？如何防治？

韭菜叶片上出现白色或灰白色斑点是由白点型灰霉病引起的。该病的典型症状是，发病初期在韭菜叶片正面或背面产生白色或浅灰褐色小斑点，由叶尖向下发展，一般叶片正面多于背面，病斑梭形或椭圆形，发病后期互相汇合成斑块，致半叶或全叶枯焦。空气潮湿时病斑表面生稀疏的霉层。韭菜灰霉病除了白点型外，还有2种类型，即湿腐型与干尖型。在湿度过高时，常出现湿腐型症状。此时病叶不产生白点，而逐渐腐烂并呈深绿色，枯叶表面密生灰色至绿色绒毛状霉，伴有霉味。尤其是贮运期间，韭菜扎成捆，病叶出现湿腐型症状，会完全湿软腐烂。表面生灰褐色或灰绿色绒毛状霉。干尖型发生在韭菜收获后，由割茬刀口处向下腐烂，初呈水浸状，后变淡色，有褐色轮纹，病斑扩散后多呈半圆或

"V"形，并可向下延伸2～3厘米，呈黄褐色，后期病斑表面生灰褐色或灰绿色绒毛状霉。防治参照番茄灰霉病。

10. 葱蒜类蔬菜病毒病的症状是什么？该病最适宜的发病条件及传播途径是什么？

大葱黄矮病毒病由洋葱矮化病毒(OYDV)引起。大葱发病时新叶生长受阻，叶面扭曲、皱缩、变细，植株矮小，有时叶片上产生黄绿色斑驳，或呈长条黄斑。发病严重时叶尖黄化，整株枯死。

洋葱染病多始于育苗期，生长速度明显变慢或停止生长，病株矮缩，叶片皱缩或扁平，叶片上有黄绿色斑驳，或长条黄斑。

大蒜花叶病由大蒜花叶病毒(GMV)及大蒜潜隐病毒(GLV)引起。发病初期，沿叶脉出现断续黄条点，后连接成黄绿相间长条纹，植株矮化，且个别植株心叶被邻近叶片包住，呈卷曲状畸形，长期不能完全伸展，致叶片扭曲。病株鳞茎变小，或蒜瓣及须根减少，严重的蒜瓣僵硬，贮藏期尤为明显。

该类蔬菜病毒病在田间都可通过桃蚜、葱蚜等蚜虫以非持久性方式或汁液摩擦接种传播。此外，由于大蒜是无性繁殖，以鳞茎作为繁殖材料，所以可通过播种带毒鳞茎传给下一代，致使大蒜退化变小。高温干旱、管理条件差、蚜虫发生重，或与其他葱属植物连作或邻作发病重。播种带毒鳞茎，出苗后即染病。田间主要通过桃蚜、葱蚜等进行非持久性传毒，以汁液传毒。管理条件差，蚜虫发生量大及与其他葱属植物连作或邻作发病重。

11. 怎样防治葱蒜类蔬菜病毒病？

防治葱蒜类蔬菜病毒病，一要严格选种，尽可能建立原种基地。精选无毒大蒜的鳞茎(蒜瓣)、葱秧春季适当提早育苗，如果育苗与蚜虫迁飞期相吻合，要在苗床上覆盖灰色塑料膜或尼龙纱。二要大力推广营养茎尖、生殖茎尖分生组织的离体培养，脱除大蒜鳞茎中的主要病毒。三要避免与大葱、韭菜等葱属植物邻作或连作。四要加强水肥管理，避免早衰，提高植株抗病力；五要及时防除传毒蚜虫与蓟马。

12. 韭菜根蛆的为害特点是什么？如何防治？

根蛆简称韭蛆，成虫叫迟眼蕈蚊，幼虫聚集在韭菜地下部的鳞茎和柔嫩的茎部为害。春、秋季为害韭株叶鞘、幼茎、芽，引起幼茎腐烂，叶片枯黄，然后把茎咬断注入茎内。夏季幼虫向下活动，蛀入鳞茎，造成鳞茎腐烂，严重时整墩韭菜死亡。

防治方法：冬灌或春灌可消灭部分幼虫，减轻为害。冬灌要注意急灌急排，带苗淹没的时间不宜超过 2 个小时，播（植）前冬灌的时间可适当延长；秋翻地可以大量消灭越冬蛹，减少虫口，但要注意尽量提早。否则，翻地时正好遇上成虫羽化，容易招来大量成虫产卵；根蛆发生严重地区，在不影响蔬菜生长发育的情况下，调节播种期，尽量避开当地越冬代成虫的产卵期，即播种期稍推迟，以减少成虫前来产卵；韭蛆生长期用竹签剔开韭菜根际土壤，晒根晒土，可降低韭蛆成活率和成虫羽化率，减轻为害。也可顺垄开沟条施或撒施草木灰，每 667 平方米施 20 千克以上，可保持韭菜根际土壤干燥，抑制韭蛆幼虫孵化，减轻韭蛆为害，同时还能增加土壤钾肥，促进韭菜生长。施草木灰后可根据情况尽量晚浇水，保持土壤不致过湿；根据预测预报情况，在成虫发生盛期用黏板粘杀成虫；韭菜割二刀前追施氨水也可减轻韭蛆为害。

13. 葱蝇长什么样？有什么样的为害特点？如何防治？

葱蝇又叫葱蛆、蒜蛆，可为害大葱、洋葱、大蒜、韭菜等百合科蔬菜。成虫体长 6～7.5 毫米，呈灰黄色，前翅微黄，翅脉浅褐色，前翅基背毛很短小。雌虫产卵器外露，中足胫节的外上方有 2 根刚毛，而雄虫略小，体色较深，2 个复眼相距较近。幼虫，呈蛆状，老熟幼虫体长 6.5～7.8 毫米，呈乳白色至浅黄色，腹部末端有 7 对肉质突起，其中第六对明显大于第五对。蛹体长 4～5 毫米，呈长椭圆形，红褐色。

幼虫蛀入葱、蒜等鳞茎内，受害植株茎和叶鞘基部被蛀食成孔洞和斑痕，引起腐烂，散发臭味，致使植株叶片枯黄、萎蔫，甚至枯死，发生地块常出现缺苗断垄。

防治方法：一是种植前提早深耕，晾晒土壤，使之不适于成虫产卵，减少虫源。二是使用充分腐熟的粪肥，施肥时要均匀、深施，不让肥料露在土面上。有条件的可施入塘泥、河泥、海泥等作基肥，可有效减少害虫聚集产卵。三是严格选种和选苗，淘汰受害种苗，返青水要浇足浇透，促使出苗、返青早、匀、齐，减轻虫害。四是与不同作物轮作倒茬，并在作物收获后及时秋翻土地，消灭部分越冬虫蛹。五是秸秆覆盖。大蒜栽种后在土表覆盖 2～3 厘米麦秆或玉米秆，既能保墒、又能抑制成虫产卵于大蒜假茎基部起到较好的驱避作用。六是利用频振式杀虫灯诱杀成虫，控制为害。此外，在大蒜烂母子的时候，随浇水追施一遍氨水，可以减轻为害。也可以用 1.1％苦参碱粉剂混入细土撒施后浇水，或用草木灰50～100 克/667 米^2 防治蒜蛆。

14. 葱蓟马为害特点是什么？如何防治？

葱蓟马又叫棉蓟马、烟蓟马。除为害大葱外，还为害洋葱、大葱、圆葱、韭菜、大蒜、番茄、辣椒、茄子、白菜、瓜类等多种蔬菜。蓟马的成虫和若虫以唑吸式口器为害寄主植物心叶、嫩芽，吸食植物汁液，可使葱蒜叶形成许多细密、长形的灰白色斑，严重时会使叶子枯黄、卷曲、皱缩、下垂。为害顶芽、花器，可使顶芽干枯、花器提早凋谢，还能传播病毒。一般初孵化的若虫不太活跃，多集中在葱叶基部为害，稍大即分散为害。葱蓟马在葱地里周年均可为害，在气温 25℃和空气相对湿度 60％以下，有利于蓟马的发生。

防治方法：早春及时清除田间杂草和残株落叶，集中带出田外烧毁或深埋，可减少越冬虫源；大葱生长期间勤除草、勤浇水，对若虫入土和土内蛹羽化、成虫出土均不利，可减轻蓟马的为害；加强肥水管理，促使植株生长健壮，提高抗虫能力，防止虫害蔓延；利用蓟马趋蓝色的习性，在田间设置蓝色黏板，诱杀成虫；利用葱蓟马的天敌，即小花蝽、拟灰猎蝽、带纹蓟马等防治。